101 Legendary Whiskies

伝説と呼ばれる
至高のウイスキー
101

イアン・バクストン 著
Ian Buxton

土屋 守 翻訳・監修・執筆
土屋茉以子 翻訳

WAVE出版

101 LEGENDARY WHISKIES
YOU'RE DYING TO TRY BUT(Possibly) NEVER WILL
by Ian Buxton

Copyright © 2014 by Ian Buxton
Japanese translation published by arrangement
with Ian Buxton c/o Judy Moir Agency through The English Agency(Japan) Ltd.

本書の日本語翻訳権は株式会社 WAVE 出版がこれを保有します。
本書の一部あるいは全部について、
いかなる形においても当社の許可なくこれを利用することを禁止します。

装丁／本文デザイン：重原隆
校正：鈴木俊之
翻訳協力：篠田康弘、株式会社トランネット
編集協力：中井敬子（スコッチ文化研究所）
編集：設楽幸生

Contents
目次

Introduction はじめに　8

1　アードベッグ1965 40年　20
2　アードベッグ ガリレオ　22
3　ベイリーズ ザ・ウイスキー　24
4　バルヴェニー 50年　26
5　バルヴェニークラシック　28
6　ブラックボウモア　30
7　ボウモア 1957年　32
8　ボウモア バイセンテナリー　34
9　ボウモア ワン・オブ・ワン　36
10　ブローラ1972 レアモルトエディション　38
11　ブルックラディ X4アイラスピリット　40
12　ケイデンヘッド　42
13　シーバスリーガル 25年（オリジナルボトル）　44
14　シーバスリーガル ロイヤルサルート50年　46
15　コンバルモア 28年　48
16　カティサーク　50
17　ダリントバー　52
18　ダラスドゥー　54
19　ダルモア 50年　56
20　ダルモア トリニタス　58
21　デュワーズ ホワイトラベル　60
22　ドランブイ 15年 スペイサイドリキュール　62
23　フェリントッシュ　64
24　**修道士ジョン・コー** アクアヴィタエ　66
25　ジョージ・ワシントン マウントヴァーノン・ウイスキー　68

26　ガーヴァン シングルグレーン　70
27　グレンスペイ 1896シーズン　72
28　グレンエイボン スペシャルリキュール　74
29　グレンファークラス ファミリーカスク　76
30　グレンフィディック 12年　78
31　グレンフィディック 1937年　80
32　グレンフィディック ジャネット・シード・ロバーツ・リザーブ　82
33　グレンモーレンジィ 1963ヴィンテージ　84
34　グレンモーレンジィ ネイティブ・ロスシャー　86
35　グレンモーレンジィ ウォルター・スコット　88
36　グッダラム&ワーツ　90
37　ゴードン&マクファイル　92
38　グリーンスポット　94
39　ハニスヴィル・ライ　96
40　響　98
41　ハイランドパーク 50年　100
42　イザベラズ・アイラ　102
43　ジャックダニエル　104
44　ジェムソン リミテッドリザーブ18年　106
45　ジムビーム ホワイトラベル　108
46　ジョニーウォーカー ブラックラベル　110
47　ジョニーウォーカー ダイヤモンドジュビリー　112
48　ジョニーウォーカー ディレクターズブレンドシリーズ　114

49	軽井沢 1964年　116		77	セント・マグダレン　172
50	ケネットパンズと キルバギー蒸留所　118		78	サマローリ・ボウモア　174
51	キングスランサム　120		79	スコッチ・モルト・ウイスキー・ ソサエティ ボトル 1・1　176
52	カークリストン　122		80	スプリングバンク 1919年　178
53	レディバーン　124		81	スプリングバンク 21年　180
54	ラガヴーリン ディスティラーズ・エディション　126		82	スプリングバンク ウエストハイランドモルト　182
55	ラージメノック　128		83	スティッツェル・ウェラー　184
56	ロッホドゥー　130		84	ストロナッキー　186
57	ロングモーン　132		85	タリスカーストーム　188
58	マッキンレー レア・オールド・ハイランド・モルト　134		86	デーモン・ウイスキー　190
59	モルトミル　136		87	ザ・グレンリベット 18年　192
60	マービン・"ポップコーン"・サットン　138		88	ザ・ラストドロップ　194
61	マイケル・ジャクソンブレンド　140		89	ザ・リビングカスク　196
62	ミクターズ　ジョージ・ワシントンが 自軍の兵士に贈ったウイスキー　142		90	ザ・マッカラン1928 50年　198
63	モートラック　144		91	ザ・マッカラン1938　200
64	マックルフラッガ　146		92	ザ・マッカラン1926 60年ピーター・ブレイク　202
65	ニッカ カフェモルト　148		93	ザ・マッカラン シールペルデュ　204
66	オールドオークニー　150		94	ザ・マッカラン レプリカシリーズ　206
67	オールド・ヴァッテッド・ グレンリベット　152		95	ザ・マッカラン M・コンスタンティン・デキャンタ　208
68	パピー・ヴァン・ウィンクル ファミリーリザーブ23年　154		96	ナンバーワンドリンクス社　210
69	パティソンズ　156		97	トミントール 14年　212
70	ポートシャーロット　158		98	ウイスキーガロア!　214
71	ポートエレン　160		99	ウィローバンク　216
72	パワーズ ジョンズレーン　162		100	山崎 12年　218
73	クイーンエリザベスⅡ ダイヤモンド ジュビリー グレングラント　164		101	ディオニュソス・ ブロミオス・ブレンド　220
74	ローズバンク　166			
75	ロイヤルブラックラ 60年　168			
76	ロイヤルロッホナガー セレクテッドリザーブ　170			

監修者による全ボトルの注釈と考察
　　　土屋守　222

監修者あとがき　290

写真クレジット　292

1930年頃のクライヌリッシュ蒸留所。これが後にブローラ蒸留所となった。

Introduction

はじめに

　1941年に、SSポリティシャン号と共にアウターヘブリディーズ諸島沖に沈んだウイスキー（有名な小説であり、映画化もされた『Whisky Galore!』（ウイスキーガロア）のモデルとなった話だ）は、本当はどんな味がしたのだろう。当時、関税当局に隠れてコソコソと味わっていた味を今も思い出している、年老いた島民がまだいるのではないか。もしかしたらエリスケイ島の草地やバラ島のピートの沼地の奥深くには、引き揚げられたボトルがまだ隠されているかもしれない（なにせ26万4000本ものボトルが積まれていたのだ）。だが、誰にも見つからず、ベールに包まれたままのほうが、きっといいのだろう。それでこそ伝説のウイスキーと呼べるからだ。

　ラベルに自信たっぷりに「蒸留所による瓶詰め」と謳い、伝えられるところでは現存する最古のボトルと言われているグレンエイボン・スペシャルリキュールが、2006年11月にロンドンで行われたボナムズのオークションで競売にかけられ、1万5000ポンド近い値がついた。これは本物だったのだろうか？　当時から疑問を持たれていたが、それでも落札者は幸せなのだろう。出所が分かっていようがなかろうが、やはりこれは真の伝説だからだ。

　ウイスキーの長い歴史がアイルランドから始まっていることは、資料が物語っている。ある記録は1405年に登場している（クランの族長が酒を飲みすぎて死んだという死亡記事だ——飲み騒ぐことが現代の社会問題だと言ったのは誰だ）。その後ウイスキーはスコットランドに伝わり、こちらでは1494年の税務記録の中に登場する（ウイスキーに税金がかけられるなんて誰が想像しただろう）。これは、どんな味がしたのだろう。果たしてそれを知る方法は、あるのだろうか。

パーソナルブレンド

　私は何年もかけて、飲んでみたいウイスキーのリストをゆっくりとまとめ上げた。最初は「Lost 幻の一本」——歴史を生き抜いた、まさに博物館級の、ものすごく希少なウイスキーたちだ。非社交的で、極度に秘密主義な世界中のコレクターたちが熱心に探し求めている品々でもある。一般的には、これらのウイスキーは失われた蒸留所の最後のボトル（すべての閉鎖蒸留所が伝説と

なっている、もしくはなっていたわけではない——閉鎖して間違いなく忘れ去られるべきところもあった）、もしくは非常に古いボトル、あるいはものすごく収集価値が高いウイスキーの類だ。ウイスキーファンの心の中で、本当に特別な場所を占めるような蒸留所はごくわずかしかないので、私も本書で十分目立たせるようにした。これらをオークションで見かけることがあっても、確実に熾烈な入札合戦が起き、その後は世界のどこかに存在する貯蔵庫や個人的な美術館の中に消えてしまうので、実物を見られる可能性は極めて低いだろう。ましてや味わうことなんてできない——これらは夢のウイスキーなのだ！

次いで最近市場に出回っている、ものすごく甘やかされているボトルたちをじっくりと眺めてみた。見ているだけで、飲みたくてたまらなくなるような世界最高級の、極端に高額なボトルたちだ。これらは十分使えるファミリーカーよりも高額だ。十分暮らせる家より高いケースもあった。私はこれらを「Luxurious 高級品」と呼ぶことにした。たぶん最低1000ポンドは出さないと買えないだろう（文句を言いたい気持ちはよく分かる）。宝くじに当たるか、プレミアリーグの選手か、ロシアの新興実業家でもなければ、基本的にそれらのものは忘れてもらって構わない。だが私はアストンマーティンのショールームを窓ガラスに鼻が付くくらいの勢いで眺めたりする（夢を見るのは楽しいものだ）人間なので、高級品も本書に含めておいた。宝くじの当選者、フットボール選手、新興実業家といった人たちは、私たちがよだれを垂らしてうらやむようなものを購入することで、いい気分に浸れるだろう。これらのボトルのいくつかは、傲慢で、品がなく、仰々しく見えるかもしれないが[*1]、世の中に実際存在しているし、なくなることはない。

痛みを和らげるために、私は三つ目のリストの作成に取りかかった——こちらは「Living 現存」だ。これは過小評価され、価値が十分に認められていないと思われるウイスキーと、シングルカスクや蒸留所だけの限定品といった、収集可能だが希少で、あまり見かけることのないウイスキーを世界中から集めた。一般的にこれらを見つけるのは難しいが、あなたが辛抱強く、どこを探せばいいかを知っていれば、世の中のどこかで買うことができる手頃なウイスキーたちだ。執筆時点ではすべて入手可能だが、これらを手に入れるためには急がなければならない。探すのは難しくないかもしれないが、あなたと同じくらい熱心に探している人たちがいるのだ。ブログやオンラインマーケティングが一般的になった今日の世界では、このようなウイスキーがあっと言う間に売り切れてしまう。(信じがたいが) 時にはものの数分だ。そして、これらのウイス

キーは概して安くはない。予算は少なくとも3桁、数多くあるオンラインオークションのどこかに現れたものを購入する場合は、相当な高額になることが予想される。しかし先ほどの高級品とは違うので、宝くじに当たらなくても、これらのウイスキーを飲める日はもしかしたら来るかもしれない。

そしてこれらのアイデアにさらに思いを巡らすと、「Legend 伝説」としか定義できない4つ目のカテゴリーがあることに気づいた。それは必ずしも先の三つのグループに当てはまらないが、語るべき魅力的な逸話があるものや、ウイスキー文化の奥深さを物語る人物や蒸留所と深く結びついているケースだ。

この『伝説と呼ばれる　至高のウイスキー101』を読めば、幻の一本、高級品、現存、そして伝説のウイスキーと出会うことができる。途中でオークションに対する私の見解や、最近顕著に拡大しつつあるウイスキーをコレクションするという習慣（蒸留所にとっては好ましいだろう）に対しての思いを織り交ぜつつ、これらがなぜ間違った方向に進む危険性をはらんでいるか、なぜ悲しい結末を招きかねないのかについても語っている——反論があれば自由にしてもらって構わない[*2]。

カテゴリーは混ぜこぜにした。アルファベット順に紹介しているので、何時間も楽しんでもらえるだろう。カテゴリー分けはまったく厳密ではなく、私の主観で選んでいる。掲載したウイスキーの中には、実際には二つ以上のカテゴリーに入るものも数多くあるし、読者が掲載すべきだと思っているものを見落していたり、心底首をかしげたくなるようなものが含まれていることも承知している。だがそれも楽しみのうちだ。リラックスしよう。たかがウイスキー、何が正しくて何が間違いという答えはない。たとえ誰が何を言ったとしてもだ。

私は本書に掲載したウイスキーの少なくともいくつかを試飲し、実際に造った人たちと議論するという栄誉にもあずかった。この経験を共有することが、私にできるせめてものことだ。読み進めてもらえば分かるが、死ぬまでに飲みたいが（たぶん）飲めないであろうウイスキーについて私は説明し、議論し、分析し、いくつかについては（幸運にも）飲んでいる。うらやましいと言われるかもしれないが、まずはお年寄り優先だ。

古いものが必ずしもいいとは限らない

かつて私は、80年物のグレンフィディックを飲んだことがあった。

1929年に蒸留され、2009年に取り出されたサンプルが、マスターブレンダーを務めるデイビッド・スチュワートのテイスティングルームに横たわっていたのだ

（コートブリッジとマザーウェルの間という、なんとなく見込みがなさそうな場所にあったが、中は高度なセキュリティを備えた刑務所のようで、魅力的なウイスキーの宮殿だった）。あの霊酒を試させてくれと私がうるさくせがむと、彼は控えめに合意してくれた。

　1929年は、スコッチウイスキーにとって最良の年ではない。世界的な経済不況の打撃を受け、スコットランドの蒸留所の多くは生産を停止するか、運が良いところでも操業期間を短縮せざるを得なかった。たぶんグレンフィディックは、幸運な蒸留所のひとつだったのだろう。

　確かな緊張感と不安と共に、私はグラスに手を伸ばした。ウイスキーライターという職業に就いていても、これだけ古いウイスキーを毎日味わえるわけではない。グレンフィディックのように評価の高い蒸留所なら、なおさらだ。

　結局のところ、シングルモルトのすばらしさを世界中に知らしめてくれたのは、彼らなのだ（ついでに言えば、蒸留所にビジターセンターを置くことを考案したのも彼らだ）。彼らには感謝してもしきれないぐらいだ。そしてこの遺産がなかったとしても、80年物のスピリッツを飲む際には最大限の敬意を払わなければならない。

　この経験をたとえるなら、年代物のベントレーの運転だろう——ただし異なる点がある。それはベントレーは運転した後に誰かに手渡せば、その人もそのパワーと比類なき優雅さを楽しむことができるということだ。一方このウイスキーは一旦飲んだらなくなってしまい、二度と楽しむことはできない。飲むことでしかその真価に到達できないというのは、ウイスキーの大きな矛盾のひとつである。ウイスキーを「投資」の対象にしようとしている連中には、この意味が理解できないらしい。消え去った瞬間に頂点がやってくる。私が手にしているグラスは、まさに文字通り消えゆく遺産なのだ。飲み込む前に、自分の責任について深く考えなければいけない。

　注意深く鼻を働かせてみると、香りは魅力的だった。数十年分の陶酔するような残り香を吸い込んだように思えた。セピア色とでも言おうか。消え去った夢や希望、今は亡き帝国の過去の栄光を感じた。だがこれは、膨らみすぎた想像力と、大げさなほどロマンチックな光景を思い描いていた私の先入観が入っている可能性がある。そこにあったのは、遠い昔の記憶の中にある焚き火の残り火だった。調理されたフェンネルのようでもあり、甘い気配をそこはかとなく感じた。色は魅力的で、液面を見ると、液体とグラスが永遠のパートナーを誓い合ったかのようで、緑色のコケを思わせる色がかすかに見えた。こ

んなスピリッツにはめったに出会えない。膨大な年月を重ねてきたことが連想される。まるでグラスの中に古代の藻が形成されているかのようだ。

　きっと大いなる謎と、思いもよらぬ深さがある。私はそう確信していた。期待半分、不安半分の気持ちで、私はその液体をうやうやしく唇へと運び、そして、すぐに吐き出した。

　「だから注意したただろう」デイビッドがそう言った。確かに彼は警告していたのだ。この液体は刺激が強烈で、苦かった。ウッディな香りも強すぎて、実に不快。とても飲めたものじゃない。グレンフィディックも販売する気はさらさらなかったようで、これは珍しいサンプルとして、幸運な愛好家や通たちに振る舞われるために保存されていたのだ。これを造った、とうの昔に亡くなった蒸留職人たちへの敬意と尊敬の気持ちを表すために。

　たとえ飲めないものでも、やはりこの液体を処分するわけにはいかない。偉大な祖先の家具を、焚き火の中に放り込んで処分することができないのと同じだ。このウイスキーは亡霊となって生き続ける──すべてのものに、命の期限があることを思い出させるために、やせ衰えたガイコツとなって「メメント・モリ（死を忘れるな）」と訴え続けているのだ。

　だがこの液体は、ここでは有効な目的を果たしている。すべての古いウイスキーがいいものとは限らない、ましてや偉大ではないということを私たちに気づかせてくれているのだ。（少なくとも樽の中では）ウイスキーの寿命は限られている。飲むために造られているのであって、崇拝されるために造られているわけではないのだ。

　スコッチウイスキー業界には、つい最近まで広く受け入れられていた確固たる金言があった。それは25年かそれ以上を樽の中で過ごすと、ウイスキーは飲めなくなるということだ（より蒸留所的な視点から見れば、売り物にならなくなるということだ）。ウッディな香りが強くなりすぎて「ネバネバした」舌触りになってしまう。最良の時期をとっくに過ぎてしまっているのだ。だが近年ではこの意見に異議が申し立てられており、必ずしもそうとは言えなくなった。実際30年物のヴィンテージウイスキーは当たり前のものとなってきている。それでも40年物のウイスキーはほとんど感想が述べられていないし、50年物はランドマーク的な存在にとどまり続けている。だがこれ以上に年を重ねた樽だって、今は探せば簡単に見つかるのだ。

　本書にも記しているが、現在実際に販売されているスコッチウイスキーの中で一番古いものは、尊敬を集めているエルギン市の瓶詰業者、ゴードン＆マ

クファイル社が出したザ・グレンリベット70年だ。現在でも数本のボトルが入手可能で、価格は1万3000ポンド前後だ。この価格については熱い論争が繰り広げられている。

高価なものが必ずしも一番いいとは限らない

　ラリックのデキャンタに入ったマッカラン64年や、手吹きガラスのボトルに詰められ、立派な銀のラベルが貼られたグレンフィディック50年を手に入れようとすれば、ザ・グレンリベット70年よりも、数千ポンドは多く払うことになるだろう。

　これらのウイスキーは是非試したいが、そこには二つの問題がある。ひとつ目の、そして最も明白な問題はその価格だ。これだけの金があれば実用的な車、例えば最新のフォード・フォーカスくらいは楽に買えるし、おつりで完璧すぎるほどに素晴らしいウイスキーを購入して、乾杯することもできる。もしくはものすごく素敵な時計と、最上級のワニ革で作った靴を手に入れることもできるだろう。最先端の音響システムだって購入できる。私が何を言いたいかご理解いただけただろうか。1万3000ポンドは大金である。素敵なものは巷にあふれているので、使い道は他にいくらでもあるのだ。

　話はこれで終わらない。この本の中にも記しているように、ホワイト＆マッカイは、ハロッズの棚をダルモアのリチャード・パターソン・コレクションで飾ったと発表したのだ。12本のボトルが合計なんと98万7500ポンド。私の本音は、あえて言わないでおこう。

愛は金では買えない——ボトルも然り

　そして二つ目の問題は、実際に入手できるかどうかだ。この本に出ているどのウイスキーでも購入できるほどの財力があったとしても、手に入れられるとは限らない。数が非常に限られているのだ。

　ダルモア・トリニタスの最後のボトル（12万5000ポンド）はすでに売れてしまっている。だがあなたは幸運だ。この本の執筆時点では、所定の調査を受ければ60本限定で生産されたジョニーウォーカー・ダイヤモンドジュビリーを10万ポンド前後で購入できるのだ（きちんと順番待ちをして欲しい）。

　グレンフィディックは、50年物のボトルを毎年50本しか販売しない。不幸なことに、ラリックのデキャンタに入ったマッカラン64年は発売後すぐに売り切れてしまったようだ。無名のジャパニーズウイスキーでさえも天文学的な数字

で売られている（軽井沢1960年は1万2500ポンドとお買い得だ）。
　そしてホワイト＆マッカイが、世界が待ち焦がれていたダルモア・シリウス（1951年蒸留の58年物が1万ポンドだ——業界がこの1万ポンドという魔法のような値札をこれほど気に入っているのが不思議だ）をリリースすると、12本しかないボトルは先行販売で売り切れたと即座に発表された！
　ホワイト＆マッカイは非常に親切で、私にダルモア・シリウスの小瓶を送ってくれたので、この時点で安物のアルコールの試飲をやめようと思った。このウイスキーがとても美味しかったことは私が保証しよう。私が飲んだ量は、ざっと計算したところ10mlにも満たなかったが、換算すると100ポンドか、バーならもっと高い金額が請求されるだろう。

それだけの価値があったのか？

　時と場合にもよるが、やはり「価値」とは相対的に決まるものだ。世の中にはそれを見極めるだけの十分な金を持った人たちがたくさんいる。メーカーはこれらの高級ボトルを使って「あっと驚くような」宣伝をするのは好きだが、彼らはボトルの見栄えがいいという理由だけで商品を提供しているわけではないし、小売業者も棚に並べているわけではない。信じようと信じまいと、実際にボトルを買う人はいるし、人々は彼らの酒を飲むのだ。私としては、少なくとも飲まれるならよしとしたい。

素晴らしいウイスキーか？　それともただの素晴らしい箱か？

　それでも、ボトルの中身以外の部分に大金を払っているのは事実だ。最上級のウイスキーは豪華なパッケージに入れるというのが主流になっており、その分の費用を私たちが払わなければならなくなっている（注目に値する例外もいくつかある。特に思い出すのはグレンファークラスだ。彼らには大きな称賛を送ろう）。特別注文のクリスタルデキャンタ、手作りの箱、革張りの小冊子、特製の発送用ダンボール、そして言うまでもないが万年筆、銀のテイスティングカップ、美術館品質の展示ケース、ボトルを持つ際に用いる白手袋といった小物までついてくる。これらが追加されるたびに、小売価格に2000ポンドを大幅に超える金額が上乗せされることになる。結局みんな金が欲しいので、蒸留所、流通業者、取次店、小売店の利益が上乗せされると——当然ながらこれに付加価値税もしくは消費税が加算される——価格はあっという間に上昇してしまうのだ。

例として、グレンフィディック50年を取り上げてみよう。比較的シンプルなボトルと木箱に入ったこの商品は、何年もの間5000ポンド前後で手に入れることができた。1本のウイスキーとしては十分高い値段だと思うだろう。このボトルはわずか500本しか販売されず、1本ずつ真ちゅうの飾り板のついたオークの木箱に入れられ、ラベルとテイスティングノートには、個別のボトル番号と瓶詰めした日が記入されている。それぞれのボトルにはウィリアム・グラント＆サンズ社の元会長であり、グレンフィディックの創業者であるウィリアム・グラントのひ孫、アレクサンダー・グラント・ゴードンがサインを入れている。そのうえ、幸運な所有者はグレンフィディック蒸留所の「名誉市民」に任命され、証書が送られてくるのだ（それが果たしてどんな特権なのかよく分からなくても、何となく響きがいいということは認めざるを得ない）。

だがその後、この機会を逃すまいと「マーケティング」による手直しが行われた。パッケージを変更して再発売されたのだ（このような話を聞いたら、財布の中身を確認したくなるだろう。慎ましい投資家にとってはいいニュースとは思えない）。2009年7月、ピーター・グラント・ゴードンの手によって「新」グレンフィディック50年がその姿を現した。彼は「グレンフィディック50年は歴史の一部ではない。私たちの歴史そのものだ」と断言している。

このウイスキーは前のバージョンより2倍優れているのだろうか？ 1万ポンドに値上がり、払う額は確かに2倍になった。立派な銀のラベルが貼られた手吹きの三角ボトルに入ったこのウイスキーには、歴史を記した革張りの冊子とテイスティングノートが付属し、非常に素晴らしい小箱に入れられた。もちろん、今では必須の鑑定書もついている。

私はこのボトルを作った男に会いに行ったが、彼の話によれば、三角形のボトルを同じサイズで正確に作るには非常に高い技術が要求されるとのことであった（飲む側としては少しでも容量の足りていないボトルは欲しくないだろうし、グレンフィディックは定量以上に大きくしたくないはずだ）。グレンフィディックは完璧なボトルしか受け入れず、10本作るうちの8、9本は返品されたという。それだけの金額を払うのだから当然の要求かもしれないが、1本1本を作るのにどれだけの技術と時間が必要だったかを考えたら、興ざめしてしまう。誰がこの分の金を払うのかは想像がつくだろう。

このようなことを行っているのはグレンフィディックだけではない（発表される高級品の大半には似たような話がある）。それでも、誰かがこれらのボトルを購入していることは紛れもない事実である。私からすれば非常識な価格で

も、買い求める人はいるし、混乱を来している現在の経済状況の中でも、実際に需要が高まっているのだ。このようなものを目にする機会は、さらに多くなるであろう。

　これまで以上に高価なウイスキーが流行するのは残念だが、もはや否定できない現象でもある。そして私は、何が起きているのか自分の手で調べたくなった。大変な仕事だが、誰かがやらなければならないのだ。

　不幸にもこれらのウイスキーは非常に希少で、なかなかお目にかかれないため、実際に購入したらどれくらいの費用がかかるかを正確にお伝えできない。さらに今では価格が非常に目まぐるしく変化しており、この本が皆さんのお手元に届く頃には、私の引用が遠い過去のものとなっているかもしれない。このような状況なので、価格を表記するのは無意味なことのように思える。いずれにしても、このような作業にはインターネットのほうが便利だ。テイスティングノートを掲載していないのもほぼ同じ理由からだ。私がこれまでテイスティングしたことがない、とても飲めそうにないウイスキーも多く含まれている。

　それらのウイスキーは、たぶん皆さんも飲むことはできないだろう。

＊1 実際そうなのだから、しょうがない。
＊2 ちなみに、脚注をつけているので、そちらもお忘れなく。大事なエッセンスが隠されていることもある。

1888年に撮影されたモートラック蒸留所。

1

Luxurious 高級品

アードベッグ1965
Ardbeg 1965
40年
40 Years Old

生産者：グレンモーレンジィ社
蒸留所：アードベッグ　アイラ島
ビジターセンター：あり
入手方法：オークション　希少品

このウイスキーが2006年7月に販売された直後、私はロシア軍の潜水艦の将官と、彼の「友達」だという軍需産業関係者（恐らくスポンサーだろう）に同行して、いくつかの蒸留所を巡った。そのひとつがアードベッグだった。
　そこで彼は、「ガラスケースに並んでいるアードベッグが1本ほしい」と言った。261本のボトルはすべて完売していたが、つてを当たってみると（お分かりだとは思うが、こんな時のために私は同行したのだ）、1本のボトルが見つかった（誰が金を出したかはお察しの通りだ）。感謝の気持ちを込めて、彼は付属のミニチュアボトルを私にくれたのだ。その後しばらく経ってから、私はこのミニチュアを台湾人のコレクターに650ポンドで譲った。当時はとんでもない高額だと思ったが、その後、1000ポンド以上の値段で売れただろうという話を聞かされた*。
　将官はボトルをウラジオストクに持ち帰り、友人たちと一緒に飲んだ。その後この将官にもう一本ボトルを手配してあげたのだが、ロシアの税関で押収されてしまったらしい。私なら核弾頭を管理している将官に楯突くようなことはしないが、どうやら彼らの国の税関は馬鹿ではなかったようだ。
　当時このボトルは、小売価格2000ポンドで販売されていた。『スコッチ・ウイスキー・レビュー』誌上で、デイブ・ブルームはボトルについて「こんなに思い上がった考えはない。高級ウイスキーを売買する人たちの考え方はまだまだ未熟だ」と記していた。当時は私も同じ意見だった。
　それなのに……それなのにである。現実は私には受け入れ難いものとなった。このウイスキーがほぼ一晩で売り切れてしまったのだ。今日の販売価格は約6000ポンドだが、明日になれば、この数字ですら安いと思えてしまうような価格になっているだろう。巷ではこうしたトロフィーのように飾っておくウイスキーの人気が急上昇しており、どこまで上がるのか分からない状況になっている。私自身はこのような現象に興味はないのだが、やはり無視することはできない。
　アードベッグ1965はあっさりと史上最高値を更新し、本書に掲載されるだけの資格を得た。だが、程なくして他のブランドも参入してきたため、アードベッグも負けじとばかりに、ダブルバレルを1万ポンドで発売した（2本のボトルの他に、一見したところ適当に選んだように見える、非常に高価ながらくたを同封した「ラッキーバッグ」もついていた）。本当にばかばかしい限りだ。
　このような現象は遅かれ早かれ失敗に終わり、痛い目に遭う人が出てくるだろう。だが価格ばかりが重要視され、ゴラムのような連中たちが美味しいウイスキーを金庫にしまい込み、ほくそ笑んでいるような状況は当面続くだろう。
　あのミニチュアは飲んでおいたほうがよかったのかもしれない。皆さんだったらどうしただろう？　私はあのボトルに650ポンドの「価値」があるとは思えない。あの台湾人の男性が幸せであることを願うばかりだ。

＊ミニチュア集めは不思議な中毒性がある。やらないほうがいいとアドバイスしておこう。

2

Living 現存

アードベッグ　ガリレオ
Ardbeg Galileo

生産者：グレンモーレンジィ社
蒸留所：アードベッグ　アイラ島
ビジターセンター：あり
入手方法：オークション

「アードベッグ10年とウーガダールのファンなので、ガリレオには非常に期待していたのだが、とんでもない間違いを犯してくれたものだ」

2013年4月4日、「Whisky.com」上のフォーラムに「アイラピート」からこのような書き込みがあった。すると同調や反論が相次ぎ、意見は真っ二つに割れた。アードベッグは「裸の王様」と揶揄されるようになったが、それでも多くの人から支持されていた。そして『ウイスキーマガジン』誌は、このウイスキーを「世界一のシングルモルトウイスキー」に選定したのだ。するとネット上のオークションサイトで値段が高騰し、ボトル1本に140ポンドもの値がつくようになった（現在はほぼ半額で入手可能である）。実は私も、このウイスキーについては「とんでもない間違い」を犯している。どのような間違いだったのか、ここで説明しておきたい。

アードベッグはメディア向けに小さなカクテルシェーカーのような容器に入ったミニチュアを、特製の箱に入れて送付した。本数はわずかだったが（450本にも満たなかったと聞いている）、そのうちの1本を私は手に入れた。アメリカの『ウイスキー・アドヴォケート』誌から、このウイスキーに関する記事を依頼されていたのだが、記事を書く前に、ミニチュアをコレクションしている知人にうっかりそのことを漏らしてしまったのだ。彼は口角泡を飛ばすよりも早く、ボトルを譲ってくれないかと頼んできた。彼に恐ろしい金額を提示されたのだが、さすがにそれではどちらにも申し訳が立たない。そこで私は、彼にある課題を出した。ガリレオのフルボトルを1本用意してくれたら、このミニチュアを譲ってあげることにしたのだ。すると驚くことに、彼はこの課題をクリアしてみせた。

これで板挟みの状況は解決した。アードベッグの記事は完成し、私はさらに多くのウイスキーを手に入れ、ミニチュアもおさまるべきところにおさまった。万事うまくいったかに思えたが、このミニチュアがオークションサイトに出回るようになると、最初の1本に820ポンドもの値段がついたのだ！ あのミニチュアを売っていれば、ウイスキー1本に加え600ポンドが手に入っていたのだ。普通に記事を書くよりも何倍も多い金額である。これが私が犯した「とんでもない間違い」だ。まさに伝説として語り継がれるだろう。

この熱狂的なミニチュアブーム、特にアイラのピートフレーバーのミニチュアブームがいつまで続くのか、私にはまったく分からない。ピーティなウイスキーが見向きもされず、ほとんど売れなかったのは、まだそんなに前のことではない。ブレンダーにも人気がなく、シングルモルト市場ではその存在自体が忘れられていた。ほんの少し前の1989年に、故マイケル・ジャクソンはアードベッグについて「1983年から生産を行っていない。将来については、さらなる疑問を持たざるを得ない」と述べている。その当時に現地を訪れた際のことを思い出してみたが、建物は惨めに荒廃し、冷たくなり、今にも放棄されようとしていた。ゆっくりと朽ちていくその様を、マイケルは「中世のような雰囲気」と捉えていた。

3

Legend 伝説

ベイリーズ
Bailey's
ザ・ウイスキー
The Whiskey

生産者：グランド・メトロポリタン
蒸留所：ミドルトン　コーク州
　　　　アイルランド
ビジターセンター：なし
入手方法：ほぼ入手不可能

ベイリーズのウイスキーと言われても想像がつかないだろう。私も同じだ。だが、本当にわずかな期間だが、ベイリーズがウイスキーを製造していたのだ。
　1997年のことだ。グランド・メトロポリタン・グループ社＊のなかなか優秀な人物が、ベイリーズブランドを広めるにはウイスキーがうってつけだと考えた。ダブリンのいくつかのパブや酒屋で市場調査を行い、1999年の中頃に「ベイリーズ・ザ・ウイスキー」を全世界で販売しようという壮大な計画だった。報道によれば、アイリッシュ・ディスティラーズ社で製造される有名なクリームリキュールと同じブレンドが用いられたそうだ。また「30人にも及ぶ会社幹部、研究者、デザイナーで構成された特別チームが、2年の月日をかけて徹底調査を行った。費用は少なくとも50万ポンドにのぼる」と述べられている。1998年の話だと覚えておいてほしい。これは相当な金額だ。ボトル1本15.69ポンドはこの手のウイスキーとしては高額だったが、大きな市場シェアを獲得できるという確信が会社にはあったのだろう。
　このウイスキーは、クリームリキュールをベースにしていたが、「ベイリーズのスピリッツブレンドの保管用に使ったオーク樽に入れて、最大6ヵ月間熟成させるという、伝統の一歩先を行く手法を用いた結果、偉大なアイリッシュウイスキーの特徴と、ベイリーズ・オリジナル・アイリッシュ・クリームを思い起こさせる独特の香りを併せ持つことができた」とある。別の言い方をすれば、かつてベイリーズのクリームリキュールを保管していた樽で「フィニッシュ」を加えたということだ――この先がどうなるか察しがついただろうか？
　1998年3月から、ダブリンでの市場調査が開始された。ベイリーズの幹部はアイリッシュ・インデペンデント紙に「しっぽが犬を動かすようなことがない限りは、このウイスキーの可能性を制限することはない。つまりこの商品が売れすぎて親ブランドに影響を与えさえしなければ、何も制約しない」と話している。だが6月になると、彼は役員を辞任しウォッカの会社を立ち上げた。ディアジオというもっと大きな犬のひと吠えで、ベイリーズのウイスキープロジェクトは終了させられたのだ。ベイリーズに使った樽をウイスキーの熟成に使うということが、ウイスキー造りのルールを壊すとまではいかなくても、幅を拡大してしまうと危惧されたのだ。ウイスキー製造には守るべきルールがあるが、厳密に言えば、これらはスコッチウイスキーにのみ適用されるもので、アイリッシュウイスキーには適用されない。だが新たに誕生したばかりのディアジオはスコッチウイスキー協会（SWA）との対決を望まず、EUの規制にうんざりするような議論を挑もうともしなかったのだ。ディアジオの生みの苦しみから生じた一連の騒動によって、このプロジェクトはあっという間に忘れ去られた。会社には捨てられてしまったが、短くても幸せな生涯を楽しんだ、本当に伝説のウイスキーである。

＊ インターナショナル・ディスティラーズ・アンド・ヴィントナーズ（IDV）やワイン製造業者、R&Aベイリー、J&Bギルビー、スミノフなどを傘下に持つ飲料コングロマリット。1997年にギネスグループと合併してディアジオが誕生。

4

Luxurious 高級品

バルヴェニー
Balvenie
50年
50 Years Old

生産者：ウィリアム・グラント&サンズ社
蒸留所：バルヴェニー　ダフタウン
　　　　マレイ州
ビジターセンター：事前予約が必要
入手方法：極めて希少

この本では2種類のバルヴェニーを紹介している。年代は30年以上離れているが、あるものがこれらを結びつけている。それは生ける伝説、デイビッド・スチュワートだ。1962年8月に在庫管理係という下っ端からスタートし、以来、彼はこの会社に勤め続けた。「真面目なタイプに見える」と最初の面接官は記しており、簡潔に「役に立つだろう」とまとめている。

　実際に彼は、謙虚で控えめな自分流のやり方を貫き成功をおさめた。ひとつの業界で50年も職業人生を過ごすということだけでもすごいが、ましてやひとつの会社に50年も勤めるなんてことは考えられない。20世紀初頭であれば比較的当たり前のことだったかもしれないが、世界の動きが早くなったこともあり、このような忠義心はゆっくりと失われつつある。

　スコッチ業界の偉人や要人たち*が、デイビッドの勤続50周年を記念してバルヴェニーの製麦所に集まった。これはお別れではなく、祝賀のためだった。この非常に控えめな紳士、スコッチウイスキー界の真のヒーローである彼の人生と仕事を祝福し、この50年のウイスキーで乾杯したのだ。

　仕事を始めた当時は知名度が低かったかもしれないが、近年の彼はその仕事に見合うだけの称賛を受けている。そしてスポットライトを浴びる場所が嫌いなことが広く知られているにもかかわらず、デイビッドは業界の関係者から数多く表彰されている。2005年に英国ガストロノミー学会のガストロノミーグランプリを受賞した他にも、インターナショナル・ワイン・アンド・スピリッツ・コンペティション（IWSC）の特別功労賞、2007年には大きな影響力を持っているウイスキー雑誌『モルト・アドヴォケート（現ウイスキー・アドヴォケート）』の特別功労賞も授与され、2009年には『ウイスキーマガジン』主催のアイコン・オブ・ウイスキーも受賞している。業界の人たちの称賛の思いは、ディナーの席でハイライトを迎えた。IWSCの審査員を務める友人たちを代表して、ホワイト＆マッカイのリチャード・パターソンから、刻印の入ったデキャンタが授与されたのだ。

　デイビッドはこの称賛を謙虚に受け止め、様々なウイスキーを使った実験への愛情を表しながら、新しいウイスキーのラインナップを作り出すことは「大変満足のいく仕事でした」と答えた。

　バルヴェニー50年は、偉大な老紳士だが生命力あふれる力強いウイスキーだ。このモルトマスターによく似ている。だが本数は88本しか作られなかった。パーティーの席で数本は空けたはずだが、飲み終えた後もたくさんのウイスキーが出てきたのだ。それ以降のことはほとんど覚えていない。

＊ 偉大でもなければ優れてもいないライターも何人か出席していた。

5 Luxurious 高級品

バルヴェニークラシック
Balvenie Classic

生産者：ウィリアム・グラント&サンズ社
蒸留所：バルヴェニー　ダフタウン
　　　　マレイ州
ビジターセンター：事前予約が必要
入手方法：極めて希少

1982年に販売されたバルヴェニークラシックは、知られている限りでは、ウイスキーに「フィニッシュ」を加えた世界初のウイスキーだ。すなわち、さらなる風味を加えるために異なるタイプの樽に詰めなおし、追加熟成を加えたウイスキーである。

　今になって思えば、そんなことは以前からやっていた可能性は十分あり得るのだが、名乗り出た者はまだひとりもいなかった。そしてウィリアム・グラント＆サンズ社も、当時はその重要性に気づいていなかった。これは伝説のモルトマスター*であるデイビッド・スチュワートが、ウイスキーをよくするために試みただけのことなのだ。

　このボトルでは、スチュワートはシェリー樽を用いて、製品にさらなる深みとコクを与えた。そして知らないうちにこのような製法を流行らせることになり、今ではほぼ当たり前となった。今日ではどの業者も「フィニッシュ」を加え、あらゆる種類の樽を用いている。熟成庫に行ってポートパイプ（ポートワインの樽）やラム、パンチョンなど、あらゆる種類のワイン樽を見かけるのは当たり前になった。中には世界的に有名なワインに使われていたものもあったりする。

　考案された当時のフィニッシュは単純だったが、現在では複雑なものとなっている。例えばダルモアのキング・アレクサンダー3世にはバーボン樽、マツサレムオロロソのシェリー樽、マデイラ樽、マルサラワイン樽、ポートパイプ、カベルネ・ソーヴィニヨンのワイン樽で熟成させたウイスキーが用いられている。そして一般的に用いられるようになった「フィニッシュ」という言葉も、ひとつだけ例外がある。ブルックラディは、こうしたウイスキーをACEd（Additional Cask Evolution：「樽にさらなる進化を加える」の略語）と呼ぶのを好んでいる。

　このクラシックには年数表示のないものと18年の2種類があったが、ダブルウッドのほうが好まれたため、最終的には1993年に販売を終了した。その後、バルヴェニーは製品の幅を広げていくことになる。同社の特徴となったフィニッシュを施した製品にはバルヴェニーローズ（ポートパイプ仕上げ）、ポートウッド（どんなものかは推測してほしい）、25年トリプルカスク（オロロソのシェリーバット樽、ファーストフィルのバーボン樽、伝統的なウイスキー樽の三つの樽を用いている）、ダブルウッド、トリプルウッドなどがある。

　たとえ当時は十分に評価されていなかったとしても、クラシックが非常に革新的なウイスキーであったことは立証されている。その点を考慮した上で、最近のバルヴェニーの商品と比べると、このクラシックのオークションでの値段の安さには驚いてしまう。だからこそ飲んでみてほしい！　濃厚で非常に深みがあり、それでいて飲みやすいのが分かってもらえるだろう。本物のクラシックと呼べる1本だ。

＊　彼は様々な肩書きを持っていたようだ。ある時はマスターブレンダーと称され、ある時はモルトマスターと称されている。肩書きの重さを、ちっとも気にしていないが。

6

Luxurious 高級品

ブラックボウモア
Black Bowmore

生産者：モリソンボウモア社
蒸留所：ボウモア　アイラ島
ビジターセンター：あり
入手方法：オークション
　　　　　もしくは専門店から

本書ではアイラ島のボウモア蒸留所を5回（ラージメノックを含めると6回）取り上げている。これはウイスキー愛好家の間での、ボウモアの人気ぶりを示すひとつの目安となっている。ブラックボウモア（と有名なサマローリが出した、よりボトリング数の少ないアイテム）で得た高い評価を足がかりとして、蒸留所はいくつもの優秀なウイスキーを造り、世に送り出してきた。それらすべては、この1本のウイスキーから始まったのだ。

　今では伝説となったこのボトルも、発売が開始された1993年当時は、誰も関心を寄せなかった。モリソンボウモアの従業員の中には、社員価格の80ポンドで購入するのをためらった者も、少なくともひとりはいたと記憶している。他の従業員たちは恐らく、その驚くような品質を見逃さなかったのだろう。有り金をはたき、飲んでしまった（ゆっくりと飲んでくれたことを祈ろう）。

　だが今日では、同じボトルに5000ポンドをはるかに上回る値がつく。最初の発売からそれほど時間が経たないうちに、驚くようなお買い得品だという噂が立ったのだ。だが当時のモリソンボウモア社は、スーパーマーケットやプライベートブランドの安物のウイスキーを大量販売することに関心を寄せていた。10万ポンドのボトルや、手吹きガラスのデキャンタに入れた製品を販売している今日とは、経営方針がまったく異なっていたのだ。

　このウイスキーが樽に詰められた1964年、モリソン家はこの蒸留所を取得したばかりだった。当時のウイスキー業界は、シェリー樽を使用する割合が今日よりもはるかに高かった。ブラックボウモアがこれらの樽の品質と、世界一の熟成庫として名高い、ボウモア港のはずれにあるNo.1ウェアハウスの熟成環境の素晴らしさを証明してみせたのだ。このウイスキーは桁外れに濃厚で、深くて非常に強い味わいがあり、果実、ピート、パワフルさがほぼ完璧なバランスを保っている。やがてブラックボウモアは「伝説の1本」という正当な評価を得るようになり、時と共にその評価は高まっている。

　その後1994年と1995年にも販売されたが、いずれも多くの称賛をもって迎えられた。販売価格もほぼ同じであった。ウイスキー界の真のスターと言えるだろう。

　だが（発売当初の）値ごろ感、濃厚な強さ、そして洗練された技の組み合わせを考えると、恐らく最初に販売されたブラックボウモアに匹敵するものはないだろう。ボウモアが新たな伝説のウイスキーを生産しないかぎり、驚くべき遺産として存在し続けるだろう（しかし、きっとまた伝説のボトルをリリースしてくれるはずだ）。試飲という特権を与えられたごく少数の幸運な飲み手たちに、良いウイスキーは卓越した体験をもたらしてくれるということを証明してくれるのだ。

　本物の伝説の1杯を、生きている間に少なくとも一度は試してみてほしい。

7

Luxurious 高級品

ボウモア
Bowmore
1957年
1957

生産者：モリソンボウモア社
蒸留所：ボウモア　アイラ島
ビジターセンター：あり
入手方法：蒸留所限定

2003年のことだ。『ウイスキーマガジン』のボウモアについて書いた記事の中で、私はこのような予言めいた考えを述べた。「わずか40年前には、11万7000ポンドを出せば蒸留所を丸ごと購入できた。現在のトレンドを見れば、よく分からないモルトのボトル1本にこれくらいの金額を出す人が現れてもおかしくない」
　実を言うと、予言めいたことを言おうとしたのではない。むしろ滑稽な考えだと思っていたのだ。1963年にスタンリー・P・モリソンはボウモアを11万7000ポンド（この金額にはグラスゴーでの補償金も含まれている）で購入したのだが、1本のボトルにこんな額を支払うなんて本当に馬鹿げたことだ。だが自分の言葉に耳を傾けて、もっと古いウイスキーを買っておくべきだった。なぜならボウモア1957年に関しては、この予言がほぼ現実のものとなってしまったからだ。慌てて付け加えさせてもらうが、このウイスキーは「よく分からない」などとはとても言えない1本だ。
　これは今までボトリングされたアイラ島のウイスキーの中でも一番古く、わずか12本しか生産されなかった。2本は保存用、2本は2012年10月にエジンバラとニューヨークで行われたオークションに各1本ずつ出品、残り8本は蒸留所で販売され、純利益のすべてはスコットランドの慈善団体に寄付された。今では標準となっているが、いずれも手吹きガラスのボトルに詰められ、プラチナでできた栓と首飾りで美しく飾り付けられている。手吹きガラスのグラスと水差しと共に、スコットランド産のオーク材で手作りされた化粧箱に詰められており、見た目も非常にかっこいい。
　派手なPR活動が行われたが、オークションは恥ずかしいくらい思い通りには進まなかった。どちらも最低落札額の10万ポンドには届かなかったのだ。羨望（とやや懐疑）のまなざしで見守っていたライバルたちは他人の不幸をことさら喜び、ソーシャルメディア上には「もはや落ち目を迎えた」という意見が噴出した。一歩間違えば私もこの流れに乗っていたかもしれない。
　だが2012年のクリスマスを直前に控えた頃、蒸留所から「最初のボトルが売れた。買い手はこちらの言い値で購入してくれた」という発表があった。その後、他の何本かも売れ、モリソンボウモア社は10本のボトルすべてを売り切る自信をつけたのだ。
　良くも悪くも、有名な蒸留所の希少な古酒は、予想もしなかった新たな次元へと突入している。それを支配しているのはロシアの新興実業家やアラブの族長たちだ（彼らは本来飲酒をしてはいけないことになっているが、多くは強い酒に目がないのだ）。特注品のブガッティ・ヴェイロン、パテックフィリップのスーパーコンプリケーション、キャンディ＆キャンディがデザインしたロンドンの高級アパートメントと同じ領域に入ったのだ。リリース資料には「54年物のボウモア1957年は、誰も経験したことのない香りと味のシンフォニーだ」と書かれていたのだが、笑うべきか泣くべきか、はてさてどうしたものか。まあ、私は間違いなくまだ経験していない*。

＊ ボウモアの広報担当者は、これをヒントにしてほしい。

8

Luxurious 高級品

ボウモア
Bowmore
バイセンテナリー
Bi-centenary

生産者：モリソンボウモア社
蒸留所：ボウモア　アイラ島
ビジターセンター：あり
入手方法：オークション

意外なことに、このウイスキーはほんの数ページ前に触れたブラックボウモアよりも先に発売されている。このウイスキーを見た時、「(同じ蒸留所で生産し、少なくとも同じくらい良いものだと認められているのに)目がくらむほどの価格で売れるウイスキーもあれば、到底そのような金額には到達しないウイスキーもあるのはなぜだろう?」という疑問が浮かんだ。

　その答えが分かれば、たぶん私は金持ちになれたに違いない！しかし奇妙な話だ。蒸留所の200周年を記念して1979年に特別なボトルに詰められた、この美しいボウモアが、オークションで(運が良ければ)いまだに500ポンド少々の値段で見つけることができるのだ。一方ブラックボウモアの値段はどんどんつり上がり、4桁の壁を越えてしまっている。実際にブラックボウモアを買おうとすれば、ここで紹介しているバイセンテナリーの10倍は楽に超える金額を払うことになる。だがあえて危険を冒して言うなら、ブラックボウモアには10倍の値段に見合うほどのよさがあるとは思えない。

　年代は表記されていないが、200周年という特別な機会に(当時の蒸留所の所有者の)モリソンファミリーが、このボトル用に極めて特別な樽を探し求めたことは想像に難くない。ボウモアと同じくらい古い創業だと主張できる蒸留所はスコットランドにはほとんどないのだから、盛大に祝福しなければならないのだ。

　だが、このボトルに詰められているものには、なにひとつミステリーの要素はない。同封のリーフレットには「このボトルには、ボウモア蒸留所で最も古いウイスキーをヴァッティングさせている。その中には、29年前の1950年に蒸留したものもある。実際には1950年から1966年までの10種類の年代から選んだ、どれも非常に希少なウイスキーをヴァッティングさせている」と記されている。スタンリー・P・モリソンが購入した当時、ボウモアの状態は最悪だった。だが早急に生産を再開させた彼は、並外れた品質のシェリー樽を用いて、いくつかの伝説的なウイスキーを造り出している。フルーツの深みと複雑な味わいを兼ね備えたウイスキーは、熟成を重ねても樽の渋みやウッディさが現れることはない。

　ひとつだけ、ちょっと気がかりなことがある。密封状態がいいとは言い難く、必要以上に蒸発してしまうと指摘されている。もしそうなら、ゆっくりと減っていくのを見ていないで、すぐに飲んでしまおう。

　モルトマニアックス(この世に存在するすべてのウイスキーを飲んだことがあると思えるほどの、熱狂的なシングルモルトファンのグループ)のメンバーのひとり、サージ・バレンティンは、自身が運営する素晴らしいウェブサイト「Whiskyfun」でこのウイスキーに96点をつけた。そして、息を弾ませながらこんな感想を述べている。「これは解けない魔法だ。この複雑さは本当に印象的である。ひとつのアロマを感じ取って名前を付けようとすると、別のアロマが姿を現し、取って代わってしまうのだ」それだけで500ポンドを払うだけの価値がある1本だ。

9 Luxurious 高級品

ボウモア
Bowmore
ワン・オブ・ワン
One of One

生産者：モリソンボウモア社
蒸留所：ボウモア　アイラ島
ビジターセンター：あり
入手方法：売却済

36

左の写真で私が持っているのは、6万1000ポンドのウイスキーだ。幸運なことに、値がつく数分前に手に持つことができた。そうでなければ、こんなにリラックスした顔にはならなかっただろう。
　この特別なボトルを手にできたのは、巡り合わせだった。私の写真を撮りたいと言ってきた人がいたのだが、ちょうどオークションが開催される直前だったので、ボトルと一緒に写るというグッドアイデアが浮かんだのだ。幸運にも私の隣には、オークション用に特別に造られたボウモア1964の48年物——本当に世界に1本しかない、伝説のウイスキーが置いてあったのだ。
　伝説と呼ぶのは、(これを書いている時点では)オークションで販売されたボウモアのボトルの中で最も高額だからだ。2013年に行われたオークションでの最高価格であり、これまでにオークションに出品されたウイスキーの中でも史上第2位の価格だった。落とさなくてよかった。
　このウイスキーは2013年10月にロンドンで行われた、蒸留名誉組合が企画したチャリティーオークションに出品された(私が首に提げているのは、この組合からいただいたメダルだ)。ウイスキー業界から合計55の出品があり、売り上げは1時間あまりで25万ポンドを超えた。その中でもこれは花形商品だった。
　蒸留名誉組合は、ロンドンの同業組合のひとつとして1638年に設立された。今日では様々な理念をかかげ、そのための慈善資金を募るのが主な活動となっている。このオークションを企画したのは元モリソンボウモアの会長で、組合のオーナーだったブライアン・モリソンだ。かつての彼の会社はこの夜のためにボウモア1964という素晴らしいウイスキーを出品した——公正を期するために言っておくが、他の多くの会社や個人が出品したものも、同じくらい素晴らしいものばかりだった。
　普段はものすごく高いボトルは好まない私だが、チャリティーで販売された時は例外だ(マッカランのラリック・シールペルデュやMデキャンタ、ボウモア1957などだ)。いずれの品も入札が殺到したが、中にはたぶんオークションを盛り上げようと行った入札もあったことだろう。
　恐らくここから学べることはほとんどない。酒類販売会社と、ウイスキー業界、特にそのファンたちが、このようなチャリティーに対してとりわけ寛容であることが分かったぐらいだ。でもこれは称賛すべきことでもある。
　私も入札に参加して手を挙げていたと言いたいところだが、そう言ってしまえば嘘になる。だがご覧の通り、両手でボトルを掴むことは叶った。

10

Lost 幻の一本

ブローラ1972
Brora 1972
レアモルトエディション
Rare Malts Edition

生産者：ディアジオ
蒸留所：ブローラ　サザーランド
ビジターセンター：あり
入手方法：極めて希少

「このウイスキーを飲んで感動しなかった人はいない」。エジンバラの小売店、ロイヤルマイル・ウイスキーズはこのように話している。「ディアジオのレアモルトシリーズとして出されたブローラ1972年は、今や伝説だ。これをきっかけに、この失われた蒸留所への関心が爆発的に高まった。専門家たちは1972年を『ブローラの奇跡の年』と呼び、高く評価している」。ロンドンに店を構える、世界的に有名なザ・ウイスキー・エクスチェンジはこう述べている。モルトマニアックスのサージ・バレンティンは、このウイスキーに97点をつけた（彼がこんな高得点をつけることはめったにない）。彼は味に圧倒されてしまい、何ひとつコメントすることができなかったようだ（これもめったにないことだ）。

　だが、実を言えば、このウイスキーは現在私たちがクライヌリッシュと呼んでいる蒸留所で造られたものではない。正確には見捨てられた隣の蒸留所――すでに無い、閉鎖されたことが非常に惜しまれる旧クライヌリッシュ蒸留所で造られたものだ（このふたつは混同して用いられている。説明するスペースがないので、詳しくはインターネットで確認してほしい）。このボトルをきっかけに、「関心が爆発的に高まった」のだとしたら、人々はちゃんと目を向けていなかったのだろう。なぜならジョージ・セインツベリー教授とイーニアス・マクドナルド＊はすでに90年以上前にクライヌリッシュを称賛している。ウイスキーに精通した人たちの間では、ここで優れたウイスキーが造られていることが以前から知られていたのだ。

　このような評価を受けていたにもかかわらず、この蒸留所は1960年代の終わり頃に閉鎖された。だがアイラ島のウイスキーが不足した際に、ジョニーウォーカーのブレンドに必要なピート風味が強いスピリッツを造るため、短期間だけ再稼動した。このレアモルトシリーズのブローラはこの時に生産されたもので、スモーキーなウイスキーを愛する人たちから崇拝されるようになった。

　アイラ島で干ばつが続かなければ、このウイスキーは決して生まれなかっただろう。そう思うと奇妙な感じがする。たぶんウイスキーの神様は、旧クライヌリッシュ蒸留所（これがブローラとなった）の辞世のウイスキーとなることを望んだのだろう。1973年からさらに10年間生産されたが、麦芽のピートレベルを落としたこともあり、同じくらい優れたウイスキーが再び現れることはなかった。この蒸留所を再開させるべきだという悲しい叫びを時々耳にするが、現実に起きるとは思えない。同社の未来はローズアイルのような巨大で、効率性の高い蒸留所にかかっている。製品の品質は安定するが、このウイスキーのようなロマンスは生まれなくなるだろう。

　面白い話がある。年配で豊富な知識と経験を有するディアジオの幹部に、彼にとっての伝説のウイスキーを質問したところ、最初に挙げたのがこのウイスキーだった。まったく躊躇することなく、彼はすぐにこのウイスキーを思い出し、この本に載せるべきだと言ってきかなかったのだ。彼の思いに応えられ、うれしい限りだ。

＊ 知ってるふりはしなくていい――どんな人物かは読み進めれば分かる。

11 Living 現存

ブルックラディ
Bruichladdich
X4アイラスピリット
X4 Islay Spirit

生産者：ブルックラディ・
　　　　ディスティラリー社
蒸留所：ブルックラディ　アイラ島
ビジターセンター：あり
入手方法：専門店から

昔々――ウイスキーがうんざりするほど流行する少し前の話だ。マーティン・マーティン*という男性が、『スコットランド西方諸島の概要』という旅行記のためにヘブリディーズ諸島を訪れた（1695年ことなので"少し前"ではない）。彼はそこで、4回蒸留したウイスキーに出くわした。「ウスケボーボール」と呼ばれる、究極のウイスキーだ。その時の興奮ぶりについて、彼は「最初のひと口で、体中に衝撃が走った。スプーン2杯も飲めば十分だ。万が一この量を超えれば、やがて息が止まり、命の危険にさらされるだろう」と記している。考えてみればものすごいテイスティングノートだ。これがほぼ確実に世界初のテイスティングノートであるという点でも、彼の言葉は伝説だ。私なりに言うなら、後に続く作品はつまらなくなる（だが最高傑作を見つけるには、読み続けなければならない）。
　それから300年の時を経て、ブルックラディはブルックラディらしく、アルコール度数92％のウスケボーボールを再現することを決意した（彼らは「危険なウイスキー」と訳した）。並外れた度数のアルコールを造るには蒸留を4回行わなければならないので、このウイスキーはX4と名付けられた。当然ながらSWA（ブルックラディのPR部門の"お友だち"）がこのウイスキーを「無謀だ」と非難した。
　ブルックラディのさらなる冒険についてSWAがどう思ったかは分からないが、2008年8月に放送されたBBCのテレビ番組「オズ・アンド・ジェームズ・ドリンク・トゥー・ブリテン」は、この恐ろしい液体3リットルをレーシングカー「ラディカルSR4」の燃料として使った。自動車評論家のジェームズ・メイがこの車を運転し、アイラ島のインダール湾岸を144キロ超のスピードで走り抜けたのだ（もちろん先に人間と羊を追い払っている）。
　とんでもない話だが、ブルックラディにとっては意味があった。彼らはウイスキーで楽しみながら、同時にしきたりにも挑戦したのだ。そして奇妙なことが起きた。詩的とは思えないジェームズ・メイが、蒸留所の熟成庫でX4に挑戦した時のことをこう告白したのだ。普段ウイスキーを飲むと憂鬱になるのに、このX4を飲んだ時は「光明が差したかのようだった……雲が裂け、雨が止むのが見えた」と答えている。メイと、番組司会者のオズ・クラークは、パンドラの箱の底にある希望だったのだ。ただし箱を開ければの話だが。
　現在でも、オリジナルのX4アイラスピリットを置いている専門店がいくつかある（3年熟成の義務を果たしていないので、これはウイスキーとは呼べない）。そして少しだけおとなしくした、X4+3というバージョンもあるが、こちらは合法的なウイスキーになっている。どうしてもというなら試してみるといいが、忠告を受けていないなどとは言わないように！

＊　マーティン・マーティン。2回繰り返して名付けるとは、素晴らしい名前だ。

12

Living 現存

ケイデンヘッド
Cadenhead's

生産者：WM ケイデンヘッド社
蒸留所：なし
ビジターセンター：ヨーロッパ各地のショップ
入手方法：上記のショップ
　　　　　もしくはインターネット

ウイスキーの伝説について記すなら、商人であり瓶詰業者であったウィリアム・ケイデンヘッドに触れないわけにはいかない。この会社は1842年に設立された、このタイプの会社としてはスコットランドで最も古い会社だ。同社は現在、スプリングバンク蒸留所の個人オーナーでもあるJ&Aミッチェルの管理下に置かれている。1972年に、J&Aミッチェルは窮地に陥っていたこの会社を買収した。会社はすべての在庫をオークションに売りに出しており、イギリスの取引史上最も大量のワインやスピリッツが販売された。J&Aミッチェルはその名前と信用、そして元からあったショップを買収したが、会社の再建にむけてやるべきことが山のように残されていたのだ。

　だが信頼できる会社に身を預けたことで、シングルモルトウイスキーと上質のラムに集中できるようになり、チルフィルタリングやカラーリングを行わない製品を販売し続けた。当時としては流行らない取り組みだったが、これが専門家やファンに評価され、会社の評判を高めた。ショップの外観はまだどことなく古風な感じだが、これにだまされてはいけない――カウンターの向こうでは製品を熟知し、愛している人々が、本当の熱意を持って仕事に取り組んでいるのだ。

　プライベートボトルのいくつかは、独自に行われたテイスティングで高い評価を得ており、もしオークションに出品されれば、すぐに激しい争奪戦が繰り広げられるだろう（だがボトルが出品されることはない。持っている人たちは決して手放さないからだ）。ケイデンヘッドの150周年を記念して販売されたロングロウ1974、18年物や、ずんぐりとして黒みがかったボトルに入った、シェリー樽熟成のラフロイグ15年（アイラ島の蒸留所にとって最良の年と言われる1967年の蒸留）の名を挙げる人もいるかもしれない。これらの見た目は、地味で謙虚かもしれない。今日の精巧な見栄えのものと比べると、特にそう感じるかもしれないが、これにだまされないでほしい。これらのウイスキーは傑出した存在で、他の追随を許さないほどの評価を確立しているのだ。

　その流儀や姿勢において、ケイデンヘッドは並ぶものがほとんどない。興味深いことに、同族会社は一般的に控えめで、ファッションや一時的な流行に惑わされることが少ない。グレンファークラス、ゴードン&マクファイル、ケイデンヘッドの親会社のJ&Aミッチェルと、同社が経営するスプリングバンクやロングロウなどを見れば、それが分かってもらえるだろう。

　今日、同社は数多くの「コレクションズ」を提供している。この中には世界の無名なウイスキーも含まれているが、今後どうなるかは誰にも分からない。タスマニアから、未来の伝説が出てくることがあるかもしれないからだ。

　先の経営者が記した「最高のものを試せ」という言葉が、現在でも同社のモットーとして受け継がれている。

13　Luxurious 高級品

シーバスリーガル
Chivas Regal
25年（オリジナルボトル）
25 Years Old (Original Bottling)

生産者：シーバスブラザーズ社
蒸留所：なし　ブレンデッド
ビジターセンター：ストラスアイラ
入手方法：夢の中のお楽しみ

シーバスリーガル25年は今日でも購入できる。素晴らしいウイスキーであることは間違いない。だがアバディーンにあったシーバスブラザーズ社が1909年、初のシーバスリーガルブランドとして25年のボトルをアメリカに紹介し、直ちに成功を収めたことは知らないだろう。これは、世界初の高級ウイスキーだったと言える。見方次第で多くの価値が出てくるのだ。

　残念なことに禁酒法（アメリカは同社のメイン市場だった）、世界大恐慌、シーバスブラザーズ社員の高齢化などといった条件が重なり、この先駆的なブレンドは1920年代後半で生産を終了した。周知の限りではこれでおしまいだった。ウイスキー業界の人たちの中では、25年まで熟成させたものはピークを過ぎているという意見が一般的だった。いくつかの例外（例えばキングスランサムなどがこれに当たるが、詳しくは後で説明する）を除いて、高級ブレンドとは過去の遺物だったのだ。

　1936年に、シーバスブラザーズ社は（後にモリソンボウモアとして名を知られる）スタンリー・P・モリソンが率いる合名会社に売却され、残っていた在庫は売り払われた。さらに1949年に、会社はシーグラム社のサミュエル・ブロンフマンに買収された。その2年後にシーグラム社がストラスアイラ蒸留所を買い取り、シーバスリーガルの伝説の再建に取りかかったのだ。

　もちろん、12年物もリリースされたが、2007年になって、ついに幻の25年物が市場に帰ってきたのだ（現在このブランドはペルノリカール社が所有している。分かりにくい話で申し訳ない）。

　当然ながら、生き残っているオリジナルバージョンのボトルはわずかしかない。非常に希少なボトルで、ウイスキーの歴史の一部を担う、正真正銘のコレクターズアイテムだ。

　もし1本でも手に入ったとして、私には開けて飲むだけの勇気があるとは思えない。ストーンヘンジに立っている石柱の1本に自分の名前を刻みつけるのと同じようなものだ。たとえほんの些細なやり方であっても、こんな尊いボトルを飲むのは全人類に対する罪だ。要するに、実際に自分のものにすることに、あまり意味がないということだ。シロナガスクジラと同様、この世に存在していることを知っているだけで十分である*。

　これはあくまで私の意見だが、現在のバージョンもものすごくいい出来であることは保証しよう。

＊ もし手に入ることがあったら、どうか面倒をみてあげてほしい。もちろんウイスキーの話だ。どんな種類であってもクジラを飼おうなんて愚かな話だ。

14 Luxurious 高級品

シーバスリーガル
Chivas Regal
ロイヤルサルート50年
Royal Salute 50 Years Old

生産者：シーバスブラザーズ社
蒸留所：なし　ブレンデッド
ビジターセンター：ストラスアイラ
入手方法：オークション

なぜロイヤルサルート・トリビュート・トゥ・オナーではなくこちらなのか？　まったくの個人的な見解だが、両者を比較すると、こちらのほうがより優雅で控えめに見えたからだ。トリビュート・トゥ・オナーは、むしろ品がなく大げさなように思える（シーバスよ、すまない）。

　しかし、私が話したある小売業大手の人物は、こちらには棚に置いた時のアピールが不足していると考えていた。「キラキラ光るもの」がとうてい足りないと言うのだ。私の極めて洗練された審美眼のほうが正しいと思いたいが、市場がこのタイプの商品に何を求めているかについては、彼のほうがずっと多くのことを知っているとは、認めざるを得ない。それでもやはり、これは私の本だ。

　この商品は2003年に、エリザベス2世の女王即位50年を記念して造られた。当然ながら、ロイヤルサルートの販売50周年記念商品でもある。長年をかけて製品ラインナップを拡大してきたシーバスブラザーズの中でも、ロイヤルサルートは目覚ましい成功を収めたブランドのひとつだ。最初に販売され広く愛されている21年から始まり、現在では100カスクセレクション、ストーン・オブ・ディスティニー38年、62ガン・サルート[*1]といった、うれしい商品が提供されている。

　少し前に、女王陛下が即位60周年を迎えた。スコッチウイスキー業界では最高のウイスキーでお祝いしようという動きが過熱し、立て続けに特別品が販売された。そのためこの50年がそれらの商品にずいぶん取って代わられてしまったことは言うまでもない。だが50年は、これまでに255本しか生産されていない。最初の1本は、女王陛下の即位と同じ年に人類初のエベレスト登頂を達成した、登山家のエドモンド・ヒラリーに記念品としてプレゼントされている[*2]。

　皮肉なことに、シーバスは古いウイスキーを使い切ってしまっていたようだ。そのため、世間をあっと言わせるような特別なウイスキーを60周年に提供することができず、通常の21年物をボックス入りの限定ボトルとして出すことしかできなかった。「熟成が重要」を大切なメッセージとしてきた会社にとってはむしろ不運で、皮肉な出来事だった。

　蒸留所自身は、この50年物のウイスキーについて「他に匹敵するものがないほど優れている」とまとめている。私もそうであることを願っている。私の最初の家より高いのだから。

[*1] ロンドン塔で62発のサルート（祝砲）がすべて打ち終わるまで立っていたことがあるが、ものすごくうるさく、どれも同じ音に聞こえた。

[*2] 差別ではないかと心配されるかもしれないが、その点はご安心を。私の調べによれば、ヒラリーの登山パートナーだったテンジン・ノルゲイは1986年に亡くなっている。

15

Lost 幻の一本

コンバルモア
Convalmore
28年
28 Years Old

生産者：ディアジオ
蒸留所：コンバルモア　ダフタウン　マレイ州
ビジターセンター：なし
入手方法：限定品

こんなことを言えば、すぐに私の手が届かないような価格に値上がりしてしまうだろう。だが私は断言する。これは伝説のウイスキーだ。
　このウイスキーはディアジオのスペシャルリリースシリーズのひとつとして、2005年に3900本が販売されたが、成功とは言い難い結果に終わった。恐らく消費者はコンバルモアのことをよく知らないので、あまり気に留めなかったのだろう。ファッショナブルではないし、ラインナップも多くなかったので、しばらくは100ポンドから150ポンド程度でボトルを入手できた。ウイスキー1本に払う値段としては安くはないが、それでもお買い得だった。今日でもまだウイスキーの専門店のサイトで目にするが、価格は500ポンドにまで上昇しており、最新のスペシャルリリースには約600ポンドの値がついている。
　ダフタウンにあるコンバルモア蒸留所は1893年に創業したが、1920年代から30年代に行われた合理化の一環として、ディスティラーズ・カンパニー・リミテッド（DCL）に吸収された。現在はウィリアム・グラント＆サンズ社の拠点のひとつとして、グレンフィディック、バルヴェニー、キニンヴィなどの熟成庫として使われている。車を運転していると、コンバルモアを目にすることができる。見捨てられた哀れな姿をしているが、気づく者も少ないだろう。当然だ。この蒸留所は1985年に閉鎖されてから蒸留を行っておらず、今後再開されることもない。蒸留免許はディアジオ社が所有しているが、設備の大半は撤去され、建物はウィリアム・グラント＆サンズに売却された。コンバルモアは、すべてブレンディング用に用いられたと言ってもいいくらいだ。どれくらいの量が残っているかはディアジオしか知らないが、彼らはそのことを決して明かさない。在庫が底をつき、並外れた品質という評判が広まれば、価格が上昇することは確実だ。
　だがこれは、単に珍しいというだけではない。極端なほどに過小評価されているが、この蒸留所で非常に優れたウイスキーが製造されていたことを証明している。その美味しさは非の打ちどころがない。カスクストレングスのためアルコール度数は57.9％と強いが、口に含んだ感触はまるでクリームのようで、魅惑的ななめらかさが広がる。このウイスキーの味わいは、言葉では説明できない。
　単純に美味しいというより、感動の域に達している。クライヌリッシュ（ブローラの項を参照）や、非常に素晴らしいアイリッシュのシングルポットスチルウイスキーでもたまに見られるが、まさに飛び抜けた、玄人受けする味だ。蜜蝋のような風味は、ウォッシュチャージャーやスピリッツチャージャー内部の残渣によるものかもしれないし、あるいはもしかしたら、蒸留器のネックに蓄積された残留物によるものかもしれない。――誰も正確なことは言えないが、もしこれを取り除けばスピリッツの性質が変わり、良さが失われることは分かっている。
　残渣などと言うと聞こえがよくないかもしれないが、私を信じてほしい。価格が急上昇することが残念でならない。

16

Living 現存

カティサーク
Cutty Sark

生産者：エドリントングループ
蒸留所：なし　ブレンデッド
ビジターセンター：なし
入手方法：広く流通

「伝説」や「象徴的」といった言い回しを用いる際には、当然ながら十分注意しなければならない。あまりに安易に用いると、まったく意味のない言葉になってしまう。そもそもこの本はメーカーのプレスリリースではないのだ。
　カティサークのボトルは、20ポンド前後というかなり手頃な価格で購入できる。簡単に見つかるし、売り切れてしまう危険もない。そのため、この本に含めるかどうかについては時間をかけてじっくり検討した。「なぜこのウイスキーを『伝説』と見なすのだ？」と疑問に思うのも当然のことだろう。
　ウイスキーの方向性を大転換するようなブランドは稀だ。大半は慎重に、少しずつ手を加えていく。ウイスキーの熟成にはどうやっても最低3年はかかり、生産には膨大な設備投資が必要となる。販売までこぎつけるとなればなおさらだ。そしてウイスキーを飲む大部分の人は、習慣に支配されている＊。
　1923年のことだ。ワイン商のベリー・ブラザーズ＆ラッド社は通説から脱却し、飲みやすく、軽い味わいで明るい色の、カクテルやミックスドリンクにも向くウイスキーを発売した。フォーカスグループ（もしくは1923年頃にフォーカスグループとして通用した何か）のアドバイスを退け、このウイスキーは明るい緑色のボトルに詰められ、鮮やかな黄色いラベルが貼られた。そして彼らは、このウイスキーを「スコッツウイスキー」と呼んだのだ。伝統を重んじる者たちが混乱したのは、間違いないだろう。
　これはすぐに人気を博し、禁酒法が廃止されると、アメリカではナンバーワンセールスを記録した。手作業でケース詰めが行われていた時代に、100万ケース以上を売り上げたのだ。しかし1980年代に入るとジョニーウォーカー、デュワーズ、シーバスリーガルといった競合相手にシェアを奪われ、勢いを失った。長きにわたり、カティサークはウイスキー史の補足情報のような存在に追いやられていた。
　今日では、つまらない法律によって、この商品をスコッチと呼ばなければいけなくなっている。しかし、若干現代的にはなったものの、明るいパッケージは今でも健在だ。オーナーが交代し、ブランドを甦らせようとたゆまぬ努力を続けた結果、現在では再び市場争いを繰り広げるようになり、伝統的なスコッチに対する向こう見ずな挑戦を続けている。今では、ウイスキーは年寄りが好む、ちょっと堅苦しい飲み物というイメージが神話となりつつあるが、カティサークはシャープで都会的で、時代の先を行くウイスキーだ。
　実際カティサークは、新たに販売したプロヒビションで、ブランドの方向性をまた別の方角に変えた。「高貴な実験」と呼ばれたアメリカの禁酒法時代に、カティサークが担った伝説的な役割を鑑みてのことだろう。
　たぶんアル・カポネも、お気に召したに違いない。

＊ この本の読者は気持ちが若く、冒険心があり、いつでも新しい経験を受け入れる用意があることはちゃんと分かっている。私が言っているのは、退屈で時代遅れなウイスキー飲みたちのことだ。

17

Lost 幻の一本

ダリントバー
Dalintober

生産者：レイド&コルヴィル社
蒸留所：ダリントバー　キャンベルタウン
ビジターセンター：なし
入手方法：オークションでも入手不可能

ダリントバーは、キャンベルタウンの失われた蒸留所のひとつだ。建物のほとんどは跡形もなくなり、土地には家々が立ち並んでいる。今では石の壁が静かに残されているだけだ。

　ウイスキーライターの中で、最も詩的なイーニアス・マクドナルドは、キャンベルタウンのウイスキーを「ウイスキーオーケストラのコントラバス」と表現していた。私が思うに、このような詩的描写を取り入れたのは彼が初めてだ。彼が本を書いた時点ではまだ10ヵ所の蒸留所が操業していたが、それでもキャンベルタウンモルトの衰退を嘆いていた。私たちはなんと貴重なものを失ったのだろう。

　彼が本を著した当時（1930年）、ダリントバー蒸留所はすでに閉鎖されていた。1823年にレイド氏とコルヴィル氏の二人によって創業されたこの蒸留所について、ヴィクトリア時代の解説者アルフレッド・バーナードは「ダリントバーは泉の湧く谷のようだ」と書き留めている。彼が訪れた頃はまだ蒸留所は操業しており、毎年約12万ガロン（約54万5000リットル）のキャンベルタウンモルトを生産していた。訪問記の中で丸々2ページを割き、加えて1ページをイラストに費やしていることからも、彼がこの蒸留所を重要視していたことが分かる。1919年にはウエストハイランド・モルトディスティラーズ社に買収されたが、1920年代の輸出不振を受け25年に閉鎖され、その後再稼働することはなかった。

　だが奇妙なことに、いくつかの製品がシングルモルトとして瓶詰めされていた。それも当時としては珍しい、かなりの長熟物だ。1990年11月のクリスティーズのオークションに、1868年に蒸留され、1908年に瓶詰めされたウイスキーが出品され、2530ポンドで落札された。なぜ40年物の樽が生き残り、この年に瓶詰めされたのかいまだに謎である。

　さらに興味深いことに、スペイサイドにあるタムデュー蒸留所*の古いビジターセンターに、ダリントバーのボトルが1本あったのだ。チャールズ・クレイグは1994年に発表した『Scotch Whisky Industry Record』（スコッチウイスキー産業の歴史）の中でこのボトルについて言及している。だが数年後に、このボトルが「消えた」のだ。考えたくはないが、手癖の悪い悪党に盗まれたのかもしれない。もしそうだとすれば、盗まれたレンブラントの傑作と同じように、誰も見ることができない不名誉の殿堂に飾られるという運命を背負うことになる。恐らく最終的には良心が勝り、ボトルはこっそり戻されるだろうが、そうこうしているうちにタムデューの所有者は変わってしまった。新しいオーナーはボトルの所有権に関して、前オーナーのエドリントングループに論争をしかけるかもしれない。ひとつだけ確かなことは、このボトルには2530ポンドをはるかに上回る価値があるということだ。

　マクドナルドは「強く、フルボディで、刺激が強い」と記しているが、誰ひとり、その真偽を確かめることはできないだろう。

＊ どうしてこんな場所に行き着いたのか、まったく見当がつかない。

18 Lost 幻の一本

ダラスドゥー
Dallas Dhu

生産者：ライト&グレイグ
蒸留所：ダラスドゥー　フォレス　マレイ州
ビジターセンター：あり　現在は博物館
入手方法：専門店から　時期は不明

ダラスドゥー、もしくはダラスモアの名で知られたこの蒸留所は、19世紀末の一大ウイスキーブームの産物だった。1898年に建設されると、すぐにグラスゴーのブレンダー、ライト＆グレイグ社に売却された。彼らは当時人気を博していた「ロデリックドゥー」というブレンデッドにちなんで、蒸留所名をダラスドゥーと改めた。
　ロデリック・ドゥーはサー・ウォルター・スコットの長編叙情詩『湖上の麗人』の中心人物だ。当時この作品は大きな影響力を持っており（ロッシーニやシューベルトもこの作品にインスパイアされた）、19世紀の人たちにとって、この名は説得力があったのだろう*。
　不運なことに、この蒸留所がオープンしたのと時を同じくして、一大ウイスキーブームが終わりを告げた。その後はいくつかのオーナーの下で困難な歴史を歩み、最終的にはディスティラーズ・カンパニー・リミテッドの一員となった。そして合理化の波が押し寄せる中、1983年3月に閉鎖された。1998年には博物館として一般公開され、現在はヒストリックスコットランドによって運営されている。
　蒸留所は見事な状態で保存されており、歩いて回れば、すぐにでも再オープンできるように思えるだろう。だが実際は無理な話だ。もはや蒸留ライセンスを失っているという事実は別としても、設備の多くが安全衛生基準を満たせそうにないからだ。だが、たとえそうだとしても、この博物館が素晴らしいタイムカプセルであることは違いない。訪れたら至福のひとときを過ごすことができる。
　蒸留は1983年まで継続されていたのでストックは大量に残っており、これらは第三者の瓶詰業者のところにたどり着いたようだ。かなりの高値にはなるが、まだウイスキーとして楽しむことも可能だ。ブレンド用の原酒ストックは何年も前になくなっているので、当然ながらオリジナルのロデリックドゥーは手に入らないが、色鮮やかな陶器の水差しなどのブランド販促品は、eBayなどのオークションサイトに数多く出品されている。
　ダラスドゥーのシングルモルトは今でも試すことができる。ディアジオのレアモルトシリーズのひとつとして瓶詰めされているし、マスター・オブ・モルト、ダグラスレイン、ゴードン＆マクファイル、ヒストリックスコットランド、シグナトリー、ケイデンヘッド、スコッチ・モルト・ウイスキー・ソサエティといった瓶詰業者などでも瓶詰めされている。価格は200ポンドくらいからあるが、閉鎖蒸留所は現在、カルト的な支持を集めており、ますます上昇するだろう。
　だが200ポンドは高すぎるという方へ。この前博物館に行った際には、ギフトショップでロデリックドゥーの復刻版が20ポンド前後で販売されていた（ヒストリックスコットランドが復刻したものだ）。ツアーの最後を飾るには打ってつけだ。紅茶を1杯飲むよりずっといいだろう。

＊ もちろん私は読んだことがない。

19　Luxurious 高級品

ダルモア
Dalmore
50年
50 Years Old

生産者：ホワイト＆マッカイ
蒸留所：ダルモア
　　　　アルネス　ロスシャー
ビジターセンター：あり
入手方法：専門店から
　　　　　オークションでも入手可能

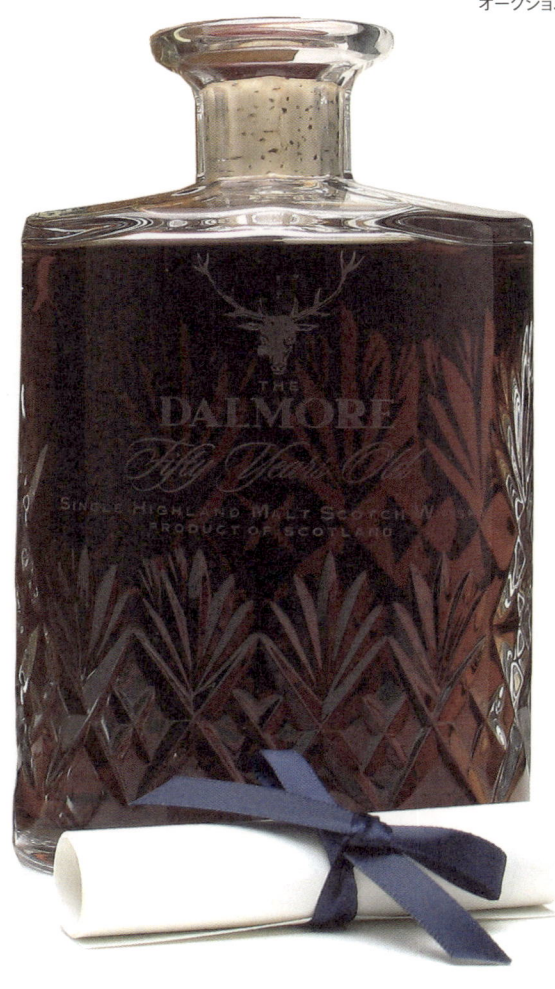

ダルモアが超高級市場を追い求めていることは否定できない。トリニタス（当然ながらこのボトルは本書に掲載している）はもちろん、製品にはイオス、セレーネ、コンステレーション、オーロラ、アストラムなどといった華やかなラインナップがあり、いずれも高額だ。

　リチャード・パターソン・コレクションも忘れてはならない。本書を書いている時点でもハロッズ百貨店で入手可能だが、100万ポンド近くという、もはやよく分からないくらいの値がついている（もちろんこちらは12本組で、きれいなキャビネットに入っている）。

　だが価格が急上昇する前に、ダルモアは年代物のウイスキーをいくつか販売しており、中には50年物のシングルモルトもあった。1976年に発売された、黒い陶製のデキャンタボトルなどだ。また左の写真のものは、その2、3年後に市場に出回ったものだが、価格は倍になっていた（もちろんパッケージも豪華になってはいたが）。

　それ以来、この蒸留所はオーナーがめまぐるしく替わっている。本書を書いている時点では、ディアジオ帝国に飲み込まれそうになっているようだ。当然ながら同社は超高級市場に対する独自の展開をすでに始めている。主にジョニーウォーカーの限定品などだ。ひとつ下のランクにはモートラックもあるので、ダルモアの将来は不透明のようだ。

　もちろんあくまで一個人としての意見だが、ホワイト＆マッカイはいつも背伸びしすぎているように感じる。あまりにも大げさな主張と、誇張された言葉のせいで、私は彼らの言い分を根本から疑うようになった。（年代物の、色の濃い、リッチなものが好きな人にとっては）非常に素晴らしいウイスキーであることは間違いない。だが、同社のウェブサイト上で、あるウイスキーについて「古代の神々に勝るとも劣らない優れた作品」と書かれていたのを見て、書いた人間はちょっと興奮しすぎているから、暗い部屋で少し休んだほうがいいと思わざるを得なかった。これは一例にすぎない。もっと引用してもいいのだが、彼らに余計な励ましは与えたくない。

　お人よしの私は、いくつかのカスクフィニッシュについて、追跡するのがちょっと難しい樽も発見してしまった。最も古いボトルには1868年6月にまでさかのぼったウイスキーが入っているという、彼らの主張は到底信じがたい。たぶん類似した同等のヴァット（ブレンド用などの木桶）から持ってきたと考えなければならないだろう。

　公正を期するために言っておくが、モルトマニアックスのサージ・バレンティンはこのウイスキーを熱烈に褒めており、96点をつけていた。きっと素晴らしいウイスキーなのだろうが、1万5000ポンドもするのだ。これだけあれば、イギリスのどこかに家を買うことができるだろう＊。

＊ ただしボロで、学生を住まわせるのも難しいような家だろう。

20　　Luxurious 高級品

ダルモア
Dalmore
トリニタス
Trinitas

生産者：ホワイト&マッカイ
蒸留所：ダルモア
　　　　アルネス　ロスシャー
ビジターセンター：あり
入手方法：まず不可能

彼らも満足のいくものが出せたのではないだろうか。
　2010年10月に3本限定で販売されたダルモア・トリニタスは、瞬く間に注目を集めた。もちろん、これはボトリング数が少ないことも要因だ。この発売に先がけてダルモアは1本のボトル（2本だったかもしれない。説明は変動する）を事前販売していた。3本目のボトルは最終的にハロッズ百貨店に落ち着き、12万5000ポンドで販売された。当然ながらその後、論争の嵐が巻き起こった。ダルモアは高級ブランドとしての地位を確立し、同社のデイビッド・ロバートソンが以前働いていたマッカランと同じ道をたどり始めていた。見習いが名人になる決意を固めたのだ。ホワイト＆マッカイのマスターブレンダーであるリチャード・パターソンの力と、当時のオーナーだったビジェイ・マルヤの支援を受けていた彼らに、世界一高額のウイスキーを造るという野望をさえぎるものは、なにもなかった。
　ずいぶんと品のない表現になってしまったかもしれないが、この裏には現実的な商業論理があることを確認しておかなければならない。「トリクルダウン」や「カスケード効果」と呼ばれるマーケティング理論では、一定の分野の中で最も価格が高い製品のステータスが上がることで、それよりリーズナブルな製品の魅力が高められ、その結果、ブランドオーナーはすべての価格を引き上げることができるようになると考えられている。まるでタイミングを見計らったかのように、だまされやすい記者、ブロガー、様々なジャーナリストの集団が、息をはずませて過剰な宣伝を繰り広げた。バレエのようにみんなでシンクロして熱狂的な誇大広告を打つ様は、まるで意識のないロボット人形、あるいはイタチの催眠ダンスに魅了されて動けなくなったウサギのようでもあった。このインフレ傾向を批判したコメンテーターたちも、ダルモアのずる賢いゲームの駒にすぎなかった。批判的な記事はこの論争をより活発にしただけだったからだ。
　疑問は残る。例えばこのボトルには1868年、1878年、1926年のウイスキーが含まれていると言われている。確かにそうなのだろう。だが、蒸留年が分かったところで、それがボトルに詰められた年が分からなければ、あまり意味はない。なぜならその時点で熟成は停止するのであり、それ以降はどれだけ待っても熟成年数は変わらないからだ。そして当然ながら、最終的なブレンドにこれらの古いウイスキーがどれくらい入っているのか、といった情報はまったくなかった。
　ここで書くことをやめなければならない。彼らのために働いていることになってしまうからだ。この製品が成功したことは否定できない。しかしそれを認めるのは私にとっても辛い。
　この本のために一連の調査を行う中で、トリニタスのボトルを持っている三人のうちのひとりに会った。彼は購入できたことを本当に喜んでいたが、私には一口もくれなかったのだ。コルクの匂いすら嗅がせてくれなかった。

21 Living 現存

デュワーズ
Dewar's
ホワイトラベル
White Label

生産者：ジョン・デュワー＆サンズ社
蒸留所：なし　ブレンデッド
ビジターセンター：アバフェルディ蒸留所
入手方法：広く流通

このページは何かの間違いじゃないのかって？　確かに、これはどこででも手に入るスタンダードなブレンデッドで、特にアメリカでは長く愛され続けているウイスキーだ。ではなぜこれが伝説の一本なのか？

　ブレンデッドウイスキーは、世界中で販売されているスコッチの実に90％以上を占めている。このボトルはその偉大なブレンデッドを代表する1本なのだ。これらのブレンデッドが存在しなければ、お気に入りのウイスキー専門店に立ち寄ったり、インターネットサーフィンで出くわす、驚くほどバラエティ豊かなウイスキーを楽しむことはできなかっただろう。ブレンデッドという舞台が無ければ、あなたのお気に入りのシングルモルト（特にそれが無名のものであれば）はとっくに歴史の闇に消えてしまっていただろう。

　ブレンデッドはありふれていて、冒険心を感じないかもしれない。味気なくて退屈だとさえ思うだろう。だがウイスキーの奥深さと多様性を理解するためには、欠かせない存在なのだ。彼らに敬意を表そうではないか！

　また、元祖「ウイスキー男爵」のひとりであるトーマス（トミー）・デュワー卿にも触れないわけにはいかない。この大胆かつ野心的で、起業家精神あふれる天才は、19世紀末に創業した小さな家族経営の会社を業界一の大企業に育て上げた。その過程でトミーと兄のジョンは莫大な富と名声を得て、政治的にも成功を収めた。同社は1925年にDCL社と合併し、現在はバカルディ社がオーナーとなっている。

　1894年に、トミーは2年の月日をかけ世界中をセールス行脚し、新たな代理店や市場を次々と開拓していった。宣伝力に長けた彼は、帰国後に自身の成果を旅行記にまとめ上げた。このホワイトラベルは、デュワーズの初代マスターブレンダー、A・J・キャメロンが生みだしたウイスキーだ。彼はウイスキーの味を安定させるためにマリッジという手法を編み出した先駆者でもある。

　このブレンドは数多くの賞を受賞しており、変わらぬ味わいを保ち続けていることでも評価されている。実際に彼らは、「決して変わらない」という謳い文句を掲げて長年マーケティングを行ってきた。

　最近になってポートフォリオに追加されたプレミアムのデュワーズも素晴らしいウイスキーだ。いずれも（デュワー兄弟が初めて建設した）アバフェルディの特徴であるソフトでスイートな風味を体現しており、ジョニーウォーカーなどの競合相手が持っている、西海岸特有の強いスモーキーさとは好対照な仕上がりになっている。

　ありふれたものかもしれないが、間違いなく伝説と呼べるウイスキーだ。試してもらえば、このウイスキーが多くの賞を受賞してきた理由が分かるだろう。決して高いものではない。

22 Living 現存

ドランブイ
Dambuie
15年スペイサイドリキュール
15 Years Old Speyside Liqueur

生産者：ドランブイ・リキュール社
蒸留所：なし　ブレンデッドリキュール
ビジターセンター：なし
入手方法：広く流通

伝説のウイスキーをリストにまとめるに当たり、私はスコットランドの偉人がどんなウイスキーを飲んでいたのか考えるところから作業を始めた。ロバート・バーンズ、ロバート・ルイス・スティーブンソン、アレクサンダー・グラハム・ベル、ジョン・ロジー・ベアード、グラウンドキーパー・ウィリーといった人物たちだ。そして自然と、ボニー・プリンス・チャーリーに行き着くことになった（左の彼がそうだ）。伝えられるところによれば、彼はスカイ島に暮らすマッキノン家に秘伝のリキュールのレシピを渡したとされている。カローデンでの悲惨な戦いに敗れ、カンバーランド公爵の兵に追われているところをかくまってくれた報酬として伝えたそうだ。現金でなくレシピというところが、何ともスコットランド人らしいではないか！

　カローデンの戦いの後、王子の首には多額の懸賞金がかけられ、彼はお尋ね者となった。絶望の淵に追い込まれ、文字通り命の危機に直面していたのだ。西ハイランドの冷たい雨が、逃亡する一団に厳しい試練を与えたであろうことは想像に難くない。ヘザー以外には何も生えていない殺風景な荒地を進み、容赦ない追跡を続ける執念深い追手たちから逃れ、隠れられるところに身を寄せた。チャーリーが持っていたエリクシル（霊薬）が、この一団を勇気づけたことは疑いようもない。たとえ一瞬でも、不愉快な記憶や不吉な考えを追い払うことができ、やがて起きる王子の奇跡の逃亡劇に力を与えたことだろう。

　話は続く。マッキノン家は長年にわたって、この秘伝のレシピを門外不出としてきたが、20世紀に入ってからドランブイとして販売を始めることになったのだ。ドランブイはゲール語で「an dram buideach」（希望を叶える飲み物）という意味だ。

　リキュールはどちらかと言えば時代遅れで、「ベトベトする」と敬遠にされているのは知っている。もし供するとしても、ディナーパーティーの最後にしか出せないだろう。だがドランブイは違う——少なくとも15年スペイサイドリキュールは例外だ。非常に美味しく、ラスティ・ネイルをそのままボトル詰めしたような印象を受ける。私は「ウイスキー飲みのためのリキュール」と呼んでおり、心からお薦めしたい1本だ。ぜひ試してみてほしい。

　ドランブイのボトルがどのようなものかはご存知だと思うので、この項の挿絵にはクリス・ドーントが作成した、魅力的なボニー・プリンス・チャーリーの木版画を掲載することにした。この木版画は、「ドランブイ・ジャコバイト・エクスプレッション」という限定ボトルに付いてきた、私のちっぽけな小冊子を美しく飾り立ててくれたものだ。もちろんこれは限定品だったので150本しか生産されなかったが*、小冊子のこの美しい版画が人の目に触れないのは、非常に残念なことだと常々思っていた。ボニー・プリンス・チャーリーは、スコットランドの歴史における伝説の存在である。そして彼が残したドランブイも、また然りだ。レシピをお教えしてもいいが、その場合は皆さんを生かしておくわけにはいかなくなる。

＊ 1本3500ポンドなので、高級ボトルではある。だが自分で言うのも何だが、とても素晴らしい小冊子が付属していた。

23 Lost 幻の一本

フェリントッシュ
Ferintosh

生産者：カローデンのダンカン・フォーブス
蒸留所：ライフィールド　フェリントッシュ
　　　　ブラックアイル
ビジターセンター：なし
入手方法：入手不可能

汝、フェリントッシュよ！　ああ、悲しくも失われた蒸留所よ！
スコットランドは津々浦々に嘆き悲しまん！

　フェリントッシュに関するバーンズの一節は有名だ。彼は『Scotch Drink』（スコットランドの酒、1785年）の中で、かつてスコットランド議会がカローデンのダンカン・フォーブスに与えた特権を、イギリス議会が取り上げてしまったことをたいそう嘆いた。ダンカン・フォーブスが所有していたライフィールド蒸留所は、ダンディー子爵、ジョン・グラハム・オブ・クレイバーハウスが指揮するジャコバイトの兵士たちに破壊されたことを受け、1689年にその代償として免税特権を与えられていたのだ。もちろんフォーブスは長老派教会の忠実な支持者であり、カトリックのジャコバイトに敵対していた。

　特権により、フォーブスはフェリントッシュの土地で栽培した穀物を非課税で蒸留することが認められた。そのことで、彼は優れた品質の製品を競合相手よりも安く販売できるようになり、そこで得た利益をもとに土地をさらに拡大していった。1770年代までには、彼の子孫たちは4つの蒸留所を運営するようになっていた。当然ながら競合相手は非難の声を上げ、1784年にはもろみ法の一環としてこの特権が廃止された。フォーブス家は2万2500ポンドという多額の補償金を得たが、当時は事業が大きくなりすぎていたため、蒸留所は閉鎖を余儀なくされた。

　だが、その名は今も生き続けている。バーンズによって不朽の名声が与えられたからだ。彼はその詩の中で、ウイスキーという酒がスコットランド人にとってどれほど重要な存在であるのか、とくと謳いあげた。フェリントッシュは豊かな文化的背景の一部であり、ウイスキーの歴史に素晴らしい奥行きをもたらしているのだ。そして後に、他の蒸留所たちはフェリトッシュの名をウイスキーのブランド名として用いるようになった（悲しいことに課税は免れなかったが）。しかし、いずれも目立った成功は得られず、多くが失敗に終わった。その中には、ディングウォールで1879年から1926年まで操業していたベン・ウィヴィスも含まれている。この蒸留所は1893年にフェリントッシュと改名した。

　だが今となっては、この名は不運をもたらすものかもしれない。混沌の中で生まれ、詩の一節として不朽の名声を得ながらも、フェリントッシュは論争から抜け出せなかった。まさに伝説として、神話に近いステータスを享受している。だが、たとえもう一度甦ったとしても、これほどの評価を得ることはできないだろう。フェリントッシュは失われた巨人であるからこそ、どんな賛美も成り立つのだ。最後にバーンズの言葉を引用しておこう。彼のウイスキーに対する愛情が垣間見える一節だ。

「……汝が油を注いでくれたら、生命の車輪は歓喜にあふれ、丘を駆け抜ける」

24

Lost 幻の一本

修道士ジョン・コー
Friar John Cor's
アクアヴィタエ
Aquavitae

生産者：修道士ジョン・コー
蒸留所：リンドーズ修道院
　　　　ニューバラ　ファイフ
ビジターセンター：なし（石の山だけが
　　　　　　　　私有地内に残っている）
入手方法：入手不可能

「命の水を造れという王の命令で、出納係は修道士ジョン・コーに8ボルのモルトを与え、アクアヴィタエ（命の水）を造らしむ」（原文ラテン語）

世に出ているウイスキーの本すべてに、謎の「8ボル*の麦芽」と、スコットランド初の蒸留家とされている修道士ジョン・コーのことが記されている。この項では、彼とボルに関する記述が初めて登場するスコットランド財務省の記録（1494〜95年、第10巻、487ページ。厳密には1494年6月1日の記録）の写真を掲載した。少しは理解が深まっただろうか？

無理だろうと思う。文字で読んだところで、あまり意味はないのだ。仲間の修道士たちは、彼の素晴らしいエリクシル（霊薬）を飲んでいたかもしれないし、これは単に防腐処理に使う液体だったのかもしれない。消毒液、または香水、あるいは火薬の製造（ジェームズ4世は化学が好きだったようで、火薬づくりに熱中していた）に必要だったとも考えられる。とにかく、この王室の家計簿（要するにそのようなものだ）に残されていた謎の記録は、むしろ混乱を招く結果となってしまった。現在の計算で、8ボルの麦芽からは約350リットルのピュアアルコールができるとされている。だがこれは最新の設備を使った場合の話で、実際当時はこの半分くらいだったはずだ。すでにこれだけの量を造っていることからも、初めての試みではなかったことが分かる。スコットランドの修道院では、これより以前から蒸留が行われていたことはほぼ間違いないだろう。

ところが、アイルランドには1405年から蒸留を行っていたという文献が残っており、1387年から1394年頃に書かれたジェフリー・チョーサーの『カンタベリー物語』には、蒸留の仕方も載っている。キャノンのヨーマンが、アランビックや冷却管（フラスコや蒸留器のようなもの）について言及しているのだ。

とはいえ、こうした歴史的な功績は最初の発明者ではなく、名の知れた書物にその名を取り上げられた人物に与えられるというのが世の常だ。そういう意味では、ジョン・コーはまさに先頭に立つ存在だ。

スコッチウイスキー業界は彼を喜んでかつぎ上げている（ジェームズ・ブキャナン社が1994年に販売した500周年記念ボトルや、ロバートソンズ・オブ・ピトロッホリー社が瓶詰めしたストラスミル10年の「修道士ジョン・コー」はなかなかよかった）。だがリンドーズ修道院のオーナーが、建物の改修とビジターセンター建設のために寄付を募ろうとすると、スコッチ業界は突然知らん顔を決め込んだ。現在も蒸留所建設のプランを建てているようだが、うまくいくことを祈るばかりだ。

残念ながら、修道士ジョン・コーの思い出は私たち全員のものであって、誰かひとりのものではない。たとえ真相が我々の思っているようなものではなかったとしても、彼と8ボルの麦芽は伝説なのだ。だが防腐用の液体や消毒液だったとしたら、その味はどうやっても忘れられないだろう。

---

* 重さの単位で、現在で言えば500kgくらいだ。

25

Lost 幻の一本

ジョージ・ワシントン
George Washington's
マウントヴァーノン・ウイスキー
Mount Vernon Whiskey

生産者：ジョージ・ワシントン
蒸留所：マウントヴァーノン
　　　　ヴァージニア州
　　　　アメリカ合衆国
ビジターセンター：あり
入手方法：限定ボトルが入手可能

アメリカ合衆国大統領としてウイスキーに課税をし、1万3000もの兵士をもって反対派を鎮圧したジョージ・ワシントンは、彼自身が酒造家でもあった。それも、「なんでもやってみよう」精神で始めたアマチュアの酒造家などではなく、当時のアメリカでは最大規模の、そして最も利益をあげていた蒸留業者だったのだ。そして当然ながら、この蒸留所では製造責任者としてスコットランド人を雇っていた。
　男の名はジェームズ・アンダーソン。1797年にファイフ州のスペンサーフィールド農場[*1]からやって来て、ワシントンの農場のマネージャーに就任した。ワシントンの進取の気性に富んだ性格と、儲かるビジネスに対する関心の高さを知ったアンダーソンは、広大な土地を使って蒸留所を開設することを提案した。そして1799年には、5つのポットスチルを有し、年間約1万1000ガロン（約4万リットル）を生産するほどになった。しかし残念ながら、ワシントンの死後すぐにこの蒸留所は閉鎖され、その後まもなく火災に遭い、完全に焼失してしまった。
　それで話は終わったかに思えた。しかし1999年の考古学調査でこの蒸留所の正確な規模が明らかになると、2007年には限りなく精巧な、当時とまったく同じサイズの蒸留所がそのまま復元されたのだ。現在この土地を訪れれば蒸留所見学ツアーに参加することができ、ワシントンの蒸留所が生産していたものとほぼ同じ、ライ麦60％、とうもろこし35％、大麦麦芽5％のライウイスキーを購入することができる。ただし、価格は95ドルと決して安くはない。恐らく20ドルがウイスキー代で、残りの75ドルがこの施設の運営資金となるのだろう。そのこと自体は悪くない。ただ、95ドルに見合うような味を期待してはいけないということだ。
　マウントヴァーノンのウェブサイトには、大量の情報が掲載されている。アメリカの博物館関係者にありがちな、どんな細かい情報も正確に載せたいという、強迫観念めいた思いがあふれている。サイトでは再現ドラマも見られるのだが、スコットランドから人を呼んで役者の訛りを直さなかったことが残念でならない。ジェームズ・アンダーソン役の役者はアイリッシュ海あたりのどこかのアクセントで話しており、時折ダブリンのパブで聞くような訛りが混じるのだ[*2]。これに海賊のような流し目が加わって、妙にコミカルになってしまっている。意図したものではないのだろうが、これさえなければ、綿密なリサーチに基づいた大変興味深い映像だ。
　このウイスキー、いや「ホワイトウイスキー」は、法規定は十分満たしているが、印象としては密造酒に近い。だがワシントンの造っていたウイスキーであること、そして彼のアメリカのウイスキー史における立場から、やはり伝説のウイスキーと呼べるだろう。

[*1] 奇妙な話だが、スペンサーフィールドでは今でもウイスキー会社が生産を行っている。ジェーンとアレックス・ニコル夫妻が創設したスペンサーフィールド・スピリッツ社は、シープディップ・ウイスキーやエジンバラ・ジンなどが有名で、世界制覇の野望を立てている。
[*2] マウントヴァーノンの言語学者からは怒りのメールが届くだろう。18世紀のスコットランド人がアイルランド訛りだった証拠を添えた、非難のメールが。彼らが正しいであろうことは承知しているが、おかしく聞こえたのも事実だ。

26

Living 現存

ガーヴァン
Girvan
シングルグレーン
Single Grain

生産者：ウィリアム・グラント＆サンズ社
蒸留所：ガーヴァン　エアシャー
ビジターセンター：なし
入手方法：専門店から

これはあるひとりの男と、その蒸留所の物語だ。多くの人が思い浮かべる、ウィリアム・グラントと彼が建てた蒸留所（グレンフィディック）の話ではなく、この華麗なる一族の4代目に当たる、チャールズ・グラント・ゴードンと彼が建てたガーヴァン蒸留所の話だ。

　スコッチウイスキーの物語の中で、ガーヴァン蒸留所はグレンフィディックと同じくらい重要だ。また、チャールズ・グラント・ゴードンもあらゆる点において先祖と同じくらい伝説的な存在だ。残念なことにどちらの名もあまり知られていないが、会社を救い、独立系同族会社として開花する基礎を築いたのは彼だと言えるだろう。

　1960年代のウイスキー業界はディスティラーズ・カンパニー・リミテッド（DCL）に支配され、非常に保守的な（時代遅れとも言える）やり方で管理されていた。彼らは競合相手をどこか見下しており、DCLにとってよいものはスコッチ業界全体のためになると思い込んでいた。

　ロンドンでは1955年からテレビのCM放送が開始されたが＊、その直後、DCLはこの新しい広告媒体によるウイスキーの宣伝に反対する立場を表明し、隊列を乱す者には容赦ない仕打ちが待っていた。

　だがグラント社は、同社のスタンドファスト（現在はファミリーリザーブとして知られている）を宣伝しなければならなかった。そこで1962年、彼らはテレビに未来を託すことを決めた。すると不思議なことに、DCLは翌年のグラント社へのグレーンウイスキーの供給が一切できなくなると言い出したのだ。供給がなければブレンデッドは造れない。せっかくコマーシャルを流して消費者の欲望をかき立てても、彼らに商品を届けることができなくなってしまう。

　だがチャールズ・ゴードンはひるむことなく、ガーヴァンの近くに土地を見つけ出した。第二次世界大戦中の軍需工場跡地に隣接するこの土地は、水深の深い港に面しており、アメリカからトウモロコシの供給を受けるのには都合がよかった。そして1963年、わずか9ヵ月という短期間で、自社のグレーン蒸留所を完成させたのだ。

　これは素晴らしい成果だ。今日、ガーヴァンはグレーン、シングルモルト、ジンを蒸留する巨大な複合施設となり、広大な熟成庫も建設されている。DCLに反旗をひるがえしたことで、チャールズ・ゴードンは会社を救ったのだ。そして他の会社に対して、自分の運命は自分でコントロールできるのだということを自ら証明してみせた。

　彼は2013年12月に亡くなったが、ガーヴァンのシングルグレーンは今でも購入可能だ。偉大な男への賛辞として、ぴったりの1本だ。

＊　当時はチャンネルがひとつしかなく、インターネットもなかった。皆さん考えてみてほしい。こんな状況で、大衆は一体どんな行動を取るだろう？ そう、彼らはみんなテレビに夢中になったのだ。

27

Living 現存

グレンスペイ
Glen Spey
1896シーズン
1896 Season

生産者：Ｗ＆Ａギルビー社
蒸留所：グレンスペイ
　　　　ローゼス　マレイ州
ビジターセンター：なし
入手方法：希少品

この小さなボトルには驚くべき物語が詰まっている。
　これはグレンスペイのミニチュアボトルだ。ローゼスにあるこの蒸留所の名前を、恐らく聞いたことがないだろう。今日まで決して目立った存在ではなかったし、生産したウイスキーはすべて現在のオーナーのブレンデッドに使われてしまうからだ。そもそもこの蒸留所は、ブレンデッドのために建設された。そして奇妙にも、それがこの小さなボトルが存在することになった理由でもある。まずは読み進めてほしい。
　最初に触れておきたいのは、このボトルは約70mlで、今日標準的な50mlのミニチュアと比べて、若干大きいということだ。
　第二に、ラベルには「1896シーズン」、そしてブランド名のすぐ下には「サンプル」と書かれている。また、Ｗ＆Ａギルビー社によるボトリングとも記されており、どれも非常に興味深い内容だ。ジェームズ・スチュワート[*1]が創業したこの蒸留所は、1885年[*2]まで生産を開始していなかった。そして1887年10月にはロンドンの大手ワイン商、Ｗ＆Ａギルビー社に買収された。彼らはボルドーワインで大きな利益を上げており、自社のブレンデッド用に原酒を確保したかったのだ（同社はストラスミル蒸留所も所有していた）。
　つまりこのラベルからは、彼らが蒸留所を買収してまもなく、ウイスキーを他のブレンダーに売り込むためのサンプルとして、このボトルを配布していたことが読み取れる。これは今日ではごく当たり前に行われていることだが、スコッチウイスキーを成功に導いた歴史的証拠を見ていると思うと、非常に感慨深い。
　だが会社自体は、ブレンディングに対して葛藤を抱え続けていた。サー・ウォルター・ギルビーは1904年に、「パテントスチルで製造したウイスキーとポットスチルで製造したウイスキーをブレンドすると、結果は極めてお粗末なものになる」と記している。だが数年も経たないうちに、彼の理想に反してブレンデッドは商品化され、破竹の勢いで広まった。
　ギルビーは直火蒸留（加熱コイルではなく、スチルに直接火を当てて加熱する手法）の信奉者でもあった。彼は「スピリッツに焦臭という特徴を与えられるのは直火蒸留だけだ。パテントスチルで製造されたスピリッツには、このような特徴はまったく備わらない」と主張している。しかし「焦臭」とは「有機物を燃やした臭い」のことだ。もし彼が本当にそれを感じ取っていたのなら、スチルマンが仕事中に居眠りしていたのではないかと疑いたくなる。
　独立系の企業だったＷ＆Ａギルビー社だが、1962年にジャスティリーニ＆ブルックス社と合併し、インターナショナル・ディスティラーズ・アンド・ビントナーズを形成した。現在はディアジオの一員となり、ジンの銘柄として名が通っている。

---

*1 彼は当時、マッカランの借地人でもあった。
*2 1885年に施設を訪れた人は、「蒸留産業の黄金期は、もはや過去のものだ」と悲しげに述べている。

28

Lost 幻の一本

グレンエイボン
Glenavon
スペシャルリキュール
Special Liqueur

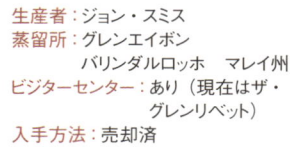

生産者：ジョン・スミス
蒸留所：グレンエイボン
　　　　バリンダルロッホ　マレイ州
ビジターセンター：あり（現在はザ・
　　　　　　　　　グレンリベット）
入手方法：売却済

この小さな、現在のハーフボトルくらいの大きさのボトルは、ひとつの騒動を巻き起こした。2006年11月にボナムズのオークションで売りに出されると、驚くことに1万4850ポンドもの値がついたのだ（これには出品者への手数料は含まれていない）。予想落札価格は1万ポンドだったが、それを楽に上回ってしまった。
　ボトルは本物だったのだろうか？　もしそうなら、世界中で知られているスコッチウイスキーの中で最も古いボトルであることは間違いない。ギネス世界記録にもそう認定されている。
　オークションでは、このボトルはあるアイルランド人家族が何世代にもわたって所有していたものだと説明された。正確な来歴については情報がほとんどなかったが、出品者は少なくとも1920年代からこの家族のもとにあったと主張した。
　蒸留所はスペイサイドのバリンダルロッホにあったが、短い期間しか稼働しておらず、1850年代には閉鎖されている。つまりこのボトルは1851年から1858年の間に瓶詰めされたものだと示唆された。もちろん記録は残されていないので、率直に言えば、これらの多くは憶測にすぎない。
　蒸留のライセンスを受けていたのがジョン・スミスであることは分かっている。父親と一緒にこの地域で蒸留業を営んでいた彼は、1859年に現在のザ・グレンリベット蒸留所を創業した。
　多くの評論家が、ウイスキーの液量が多い点が疑わしいと指摘しているが、個人的には、「疑わしきは罰せず」でいいような気もする。この少し前に、怪しいボトルが相次いで出没していたので、それが心配の種となっていたのだ。しかし、もし誰かがボトルを偽造したのなら、ほとんど無名のグレンエイボンなどではなく、もっと人気のある蒸留所のラベルを貼ると思うからだ。
　さらに言えば、もし偽造だったのなら、最初の成功に味をしめた偽造者が2本目のボトルを出すに違いない。確たる証拠に乏しいとしても、現在までにグレンエイボンのボトルはこの1本しか出てきていないということから、ボトルは本物だという思いはむしろ強まるのだ。
　手を振って迎えてあげてよう。これは世界一古いスコッチウイスキーであり、失われた蒸留所の唯一の生き残りでもある。まさに伝説の1本に違いない。
　だが面白いことに、ボトルが今どこにあるのかは誰も知らない。
　再びオークションに出品されたら、どれくらいの値がつくのだろう。恐らくこんな質問をしたら、ますます興味が湧くことだろう。現在のウイスキーを取り巻く熱狂的なムードを考えれば、10万ポンドを優に上回る可能性は十分ある。もしオークションが行われるなら、何としても席を確保したい。

29

Luxurious 高級品

グレンファークラス
Glenfarclas
ファミリーカスク
The Family Casks

生産者：J＆Gグラント社
蒸留所：グレンファークラス
　　　　バリンダルロッホ　マレイ州
ビジターセンター：あり
入手方法：専門店から

誰かに指摘される前に、最初に断っておこう。その通り、私はこの蒸留所の175周年を祝した社史を書いたこともあるし、彼らが2013年のクリスマス用ギフトパックとして販売した21年物に、私の著書『101 World Whiskies』(世界のウイスキー101本) が付属されたこともある。何ともセンスのいい人たちだ。それを差し引いても、このファミリーカスクシリーズは伝説と呼ぶにふさわしい三つの理由があると思う。

まず第一に、他にはない珍しい製品だからだ。グレンファークラスは2007年にこのシリーズを出したが、最初は1952年から1994年までのすべての年を網羅した、43種類のボトルを販売した。それ以降、さらなるヴィンテージを追加し、現在は1996年まで出している。強い独立心を持った、家族経営の蒸留所だからこそこんなことが可能なのだ。他の会社には到底真似できない。

二番目は、金額以上の値打ちがあるということだ。競合する他社の商品と比べても、古い年代のウイスキーが極めて安い価格であることが分かる。1953年は今も1500ポンド前後で見つけることができ、私たちも十分手が出せる価格設定なのだ。グレンファークラスは広告や手の込んだパッケージには金をかけず、それが価格にも反映されている。もう少しお洒落な見た目にすればもっと高く売れるのに、というライバルたちの声も聞く。こうした意見はグレンファークラスの中からも出たが、多くの人に自分たちのウイスキーを楽しんでもらいたいという思いから、それをはねのけたのだ。彼らの気が変わる前に手に入れておくことをお薦めする。最近発売されたグレンファークラス1953とハイン・コニャックの記念セットなどを見ると、彼らも金につられて動きだしている傾向があり、少々気がかりだ。

そして三番目に、ほとんどのボトルが非常に素晴らしいということだ。「ほとんど」と付け加えたのは、私もすべてを飲んだわけではないからだ。だが飲んだものに関して言えば、どれも大変美味しかった。古いヴィンテージ物も驚くほどフレッシュで、生き生きとしている。

ウイスキー産業の大半をディアジオ、ペルノリカール、バカルディいった巨大なグローバル企業が占有している現状において、独立系家族経営の蒸留所は希少だ。昔のオーナーたちは金を手に入れることで満足していたのに対し、グローバル企業はウイスキー産業に多額の投資を行い、スコッチが世界的な市場を確立する一助を担ったことは否定できない。それでも、私は何かが失われたような気がしてしまう。最後に改めてファミリーカスクを紹介して、私の弁論を終えよう。もう一度言っておくが、他社の追随を許さないウイスキーだ。

もし可能であれば、古いヴィンテージのものをいくつか試してみてほしい。いい樽と、伝統的な熟成庫で行われるゆったりとした熟成が、ウイスキーにどのような恩恵をもたらすのか、体感してもらえるだろう。

30

Living 現存

グレンフィディック
Glenfiddich
12年
12 Years Old

生産者：ウィリアム・グラント&サンズ社
蒸留所：グレンフィディック
　　　　ダフタウン　マレイ州
ビジターセンター：あり
入手方法：広く流通

グレンフィディックのことはもちろんご存知だろう。だがこのウイスキーのことを本当に分かっているだろうか？　最後に飲んでからどれくらい経つだろう？　慣れ親しんだ三角形のボトルはあまりにもありふれているので、つい見過ごしてしまいがちだ。

　だがそれは、まったくもって間違った判断だ。このウイスキーは（12年物から始まったわけではないので、厳密にはこのウイスキーではないが）、業界に革命を起こしたウイスキーとして、すべてのウイスキー愛好家から敬われるべき存在だ。グレンフィディックは世界初のシングル（彼らは「ピュア」と呼んでいた）モルトを発売した蒸留所である。この分野では長いことシェアを独占していたが、やがて他のメーカーも参入し、私たちはこの熱狂的なシングルモルトブームを楽しむことができているのだ（私が本を書けるのもそのおかげだ）。

　もちろん、中にはグレンフィディック一筋という人たちもいる。現在このブランドは、世界で一番売れているシングルモルトだ。毎年100万ケース以上の売り上げを誇る唯一の銘柄であり、同時に「世界で最も多くの賞を受賞したシングルモルト」だと主張している。「グレンフィディックは2000年以降、世界で最も権威のある二つのコンペティション、『インターナショナル・ワイン・アンド・スピリッツ・コンペティション』と『インターナショナル・スピリッツ・チャレンジ』で、他のどのシングルモルトスコッチウイスキーよりも多くの賞を受賞している」ということだ（ここは引用させてもらった）。

　この主張はもっともなことだと私は思う。最近は猫も杓子も賞を獲りに行くのがトレンドとなっていて、アフリカの独裁者が胸に掲げているよりもはるかに多くのメダルが世に出回っている。その中にはザ・ミッドウエスト・ウイスキー・オリンピック（国際オリンピック委員会の許可を取ったのだろうか？）や、ザ・インターナショナル・ウイスキー・コンペティション（ホームページに批判に満ちたコメントが殺到してつぶれたと思っていたが、2014年のエントリーをまだ募っていた）なんてものがあるのだ。そして何かの悪巧みではないかと思えるような、ザ・ウィザード・オブ・ウイスキーなんてものもある。私が心配しているのは、これらの多くが起業家気取りの人たちが思い描く「一攫千金」の手段と大して変わらないということだ。「受賞歴」を謳いたいがためだけにエントリーする蒸留所もあるのではないかと、皮肉屋でなくても思ってしまう。

　目利きの皆さんなら、お分かりだろう。50年以上一貫して革新的であり、素晴らしい製品を生み出し続け、巨大な競争相手をものともせず市場開拓を行い、確固たる独立心を持ち続けているこの蒸留所は、まさに伝説と呼ぶにふさわしい。

　年間1200万本以上を売り上げているのだ。悪いわけがない。

31 Luxurious 高級品

グレンフィディック
Glenfiddich
1937年
1937

生産者：ウィリアム・グラント&サンズ社
蒸留所：グレンフィディック
　　　　ダフタウン　マレイ州
ビジターセンター：あり
入手方法：極めて希少

64年熟成のこのウイスキーは、樽を空けた時点で61本分の量しか残っていなかった。これは2002年当時、ウイスキー市場で最も熟成年数が長く、最も高額な1万ポンドという価格がついたウイスキーだ。

　私はこの製品のパッケージがとても気に入っている。いや、むしろ無駄にパッケージされていないところと言うべきか。写真のとおり、地元のスーパーマーケットや酒屋でも買える、グレンフィディックのスタンダードな三角形のボトルに入れられている。もちろん色は違うが、とても謙虚で控えめなパッケージである。たとえ木箱に収められていたとしてもだ。

　最近、ウイスキーは投資の対象になっているという話をよく耳にする。そうした投資は世界トップクラスのワイン、シャトー・ラフィット・ロートシルト、シャトー・ラトゥール、シャトー・マルゴーといった第一級のボルドーワインで占められていると思っていた。私が間違えていなければ、これらはキッチンに常備している、どこのスーパーマーケットでも10ポンド以下で買える普通の赤ワインと同じような、質素なボトルに詰められている。ラベルはもう少しきちんとしており、コルクも多少グレードの高いものが使われているが、これらはほんの数ペンス分しか費用がかさまないだろう。

　私たちが普段飲んでいる安物ワインと大差ないパッケージなのに、なぜ高いワインはこれほど高額になるのか（ヴィンテージによっては優に1本1000ポンド以上はする）。それはもちろん、中身のワインがいいからだ。ところがウイスキーは、信じられないくらい華美なパッケージにするのがもはや絶対条件のようになってしまっている。流通網に関わるすべての者が、そこに数パーセントずつ価格を上乗せしていき、最終的には蒸留所を出発した時の原価より、何千ポンドも高くなってしまっているのが現状だ。

　もし蒸留所が、自分たちのウイスキーに天井に達するほどの価格をつける価値があると思っているのなら、自信を持って普通のボトルに詰めて、製品自体にその良さを語らせればいい。もしくは豪華なパッケージを止めて価格を安くすることだって可能だ。もっといいアイデアは、ウイスキー自体は極力シンプルなパッケージで販売し、追加料金を払えば素敵なラッピングができるオプションをつければいいのだ。

　グレンフィディックはこのリリースで裸の王様になることは避けたが、「投資」の対象になる可能性は十分残されている。このボトルは今見つけられたとしても、優に5万ポンドはするだろう。大げさな言葉や派手な飾り以上の価値を見出せる人は幸せだ。

　グレンフィディックには、信念を貫く勇気を持ち続けてほしいと思っている。最近リリースされる商品はますます手の込んだものになってきているが、そんなものが本当に必要なのだろうか。私には分からない。

32

Luxurious 高級品

グレンフィディック
Grenfiddich
ジャネット・シード・ロバーツ・リザーブ
Janet Sheed Roberts Reserve

生産者：ウィリアム・グラント＆サンズ社
蒸留所：グレンフィディック
　　　　ダフタウン　マレイ州
ビジターセンター：あり
入手方法：オークション　希少品

ボナムズの発表したプレスリリースに息をのんだ。「2011年12月14日にエジンバラで行われたボナムズのウイスキーオークションで、グレンフィディック蒸留所の創業者、ウィリアム・グラントの孫娘であり、スコットランド最長寿の女性、ジャネット・シード・ロバーツの110歳の誕生日を祝福するために造られたグレンフィディックの55年物のボトルが、世界最高額を更新する4万6850ポンドで落札された。それまで、シングルモルトボトルのオークション最高落札額は、2万9700ポンドだった」
　これは11本販売されたうちの3本目のボトルだった。だが雨の日のタクシーのように（ずいぶん長いこと待ったと思ったら、突然何台も来てしまう）、このウイスキーがさらに新しい世界記録を樹立するのに、それほど時間はかからなかった。2012年3月に、持続可能なライフスタイルを提唱するチャリティー団体「シフト・イニシアティブ」に賛同したニューヨークのバイヤーが、9万4000ドル（5万9252ポンド）を支払ったのだ。11本のボトルはいずれも様々なチャリティーイベントで販売され、落札価格は総額40万ポンド以上となった。
　これらの話は知っておいて損はない。だが率直に言えば、あまり興味はないだろう。皆さんが知りたいのは、6万ポンドのウイスキーがどんな味なのかということだけだ。正直、私にも見当がつかない。これについてはボナムズが非常に叙情的な言葉を残しているので、彼らのテイスティングノートをそのまま転載させてもらおう。
　「このウイスキーは薄い黄金色で、秋の大麦のような色をしている。アロマは柔らかなオレンジの花の香り、そして繊細なバイオレットのような軽やかさの中に、ローストアーモンドと、かすかなスモークも感じられる。数滴の水を加えることで、その甘さがより引き立つ。フルーツと花の香りが完璧なハーモニーを織りなし、オークのニュアンスは驚くほど軽い。ヨーロピアンオークで長い熟成期間を過ごしたウイスキーとは思えないほどだ」
　「フレーバーは、クリーミーなバニラと穏やかなスモークが、オークの甘さと見事に釣り合っている。水を1、2滴加えれば、ぴりっとしたオレンジの風味がさらに強まり、驚くほどはつらつとしてくる。飲み込んだ直後は少しドライだが、フィニッシュは時間を経るごとに伸びていき、あとには甘い余韻が残る」
　広報資料はこれくらいで十分だろう。ロバーツ夫人は優しくて立派な人物だったと、皆が口を揃えて言う。彼女の長寿を祝うにはぴったりの、素晴らしいボトルだ。

33　Luxurious 高級品

グレンモーレンジィ
Glenmorangie
1963ヴィンテージ
1963 Vintage

生産者：マクドナルド&ミュアー
蒸留所：グレンモーレンジィ
　　　　テイン　ロスシャー
ビジターセンター：あり
入手方法：オークションもしくは
　　　　　時として専門店から

これは死の淵から甦った珍しいウイスキーだ。1987年、グレンモーレンジィは自らのルールを破り、（同社にとって初めての）シェリー樽フィニッシュのウイスキーを販売した（それまではバーボン樽しか使わないと頑なに言い張っていたのだ）。

　ちょうどその頃、私はグレンモーレンジィで働き始めていた*。私の記憶では、たくさんの在庫が残り、イギリスのある有名な小売店からは、69ポンドでも売れなかったと言ってボトルを返品されたこともあったはずだ。だが、今日の会社側の説明は異なっている。

　最近のプレスリリースによれば、当時6000本のボトルが「拍手と共に迎えられた」ことになっており、これが「知られている限り最も古い『ウッドフィニッシュ』ウイスキーだ」と主張している。ただし、バルヴェニークラシックは1982年に発売されているので、正当性はこちらにある（詳しくはバルヴェニークラシックの項を参照してほしい）。いずれにしても、私の古い記憶を塗り替えようと、広報部が何らかの魔法をかけているのかもしれない。ただ、彼らが皆さんに信じこませようとしているような、歴史的な出来事でなかったことだけは確かだ。

　しかしなぜ、30年近く前のウイスキーが今頃プレスリリースに掲載されたのだろう？　実は当時、将来の祝賀行事のために、いくつかのケースが保管されていたのだ。そうして生き残った50本は、派手な再パッケージが施され（銀のラベルが貼られ、よく分からない「タイムカプセル」ボックスとやらに詰められた）、値段はおよそ1650ポンドにまでつり上がった。そして、ランボルギーニとコラボした発売記念パーティーまで開催されたのだ。つまらないジョークかと思ってしまった（酒とドライブなんて、一体誰が歓迎する？）。

　オリジナルボトルは時々オークションに出品されるのだが、おおむね700ポンド前後で手に入る。中身のウイスキーがまったく同じということは、小ぎれいなボックスと銀製キャップとラベルのために、大枚1000ポンドを払えと言われていることになる。もちろん、それで納得する人も中にはいるのだろうが。

　それでも、私はこのウイスキーは「伝説」と呼ぶにふさわしいボトルだと思っている。革新的なウイスキーであり、たとえ偶然であったとしても、これによってグレンモーレンジィは以前とは異なる柔軟性を持ち合わせていることが証明されたのだから、認められて当然だろう。

　私は何年も前にボトルを手に入れたが、とっくに飲み切ってしまった。濃厚で贅沢な味わいだったように記憶している。幸せな日々だった！

＊　実際に働いたのはごくわずかな期間だった。当時の社長と私は折り合いが悪く、あっという間に追放されてしまったのだ。

34

Luxurious 高級品

グレンモーレンジィ
Glenmorangie
ネイティブ・ロスシャー
Native Ross-shire

生産者：マクドナルド＆ミュアー
蒸留所：グレンモーレンジィ
　　　　テイン　ロスシャー
ビジターセンター：あり
入手方法：オークションもしくは
　　　　　時として専門店から

そうとも。これ以上筆を進める前に、このボトルを片付けてしまおう。

これは私の子供とも言うべきボトルだ。私が自ら考案し、ボトルを一周する独特のラベルにコピーを書き、どうしてもその価値が理解できず懐疑的だった同僚たちを押し切り、販売にこぎつけたのだ。

私が（当時の社長と仲たがいして）グレンモーレンジィを離れると、この商品はすぐに回収されてしまった。そんなウイスキーが、なぜ本書に掲載するだけの価値があるのか。

それは、これが時代の先を行く製品だったからだ。他の人が何と言おうと、これは名のあるブランドからリリースされた最初のシングルカスク、カスクストレングスのシングルモルトだった——つまり、現在では山のように販売されている製品の先駆けとなったボトルだ。今日では当たり前となっているが、1991年当時は実に急進的で波紋を呼ぶ商品だった。

私がこれを発売した1991年、同様の商品で言えばグレンファークラス105（いくつかの樽をヴァッティングさせたもの）と、ザ・スコッチ・モルト・ウイスキー・ソサエティが番号を振り、蒸留所名を伏せて販売していたボトルと、あまり知られていない「As We Get It（樽から出したまま）」（銘柄は公表されていなかったが、恐らく当時はマッカランだろう）くらいしかなかった。ちなみに、信じられないかもしれないが、当時のザ・スコッチ・モルト・ウイスキー・ソサエティ（SMWSという略称がよく用いられている）はウイスキー業界からひんしゅくを買っており、せいぜい厄介な邪魔者くらいにしか見られていなかった。当時スコットランドで最も売れているブランドで、豊富なストックを持っているウイスキーメーカーがシングルカスクを販売するなんてことは、恐ろしく奇抜な行為だと思われたのだ。

だが私は蒸留所の訪問客を案内して回る中で、樽から取り出したウイスキーをそのままテイスティングする機会があった。「どうしてこれを瓶詰めしないのだろう？」と、私は自問した。そしてこのボトルを実現させたのだ。今でもそのことを誇りに思っている。

今では当たり前となったシングルカスク、カスクストレングスの、記念すべき最初の例である。だからこそ重要なのだ。オークションでは今でも見かけるし、価格も100ポンド前後なので、買おうと思えば十分買える値段だ——樽から出したそのままのウイスキーを、ぜひ楽しんでもらいたい。

この製品は特性上、ボトルごとに味が異なっている。このボトルの目的は、伝統的なグレンモーレンジィ——つまりバーボン樽（理想を言えばファーストフィル）のみを使い、10年間熟成させたウイスキーの素晴らしいクオリティをお見せすることだった。繊細さと上品さの中にも、カスクストレングスの力強さが十分感じられる1本だ。

35

Lost 幻の一本

グレンモーレンジィ
Glenmorangie
ウォルター・スコット
Walter Scott

生産者：グレンモーレンジィ
蒸留所：グレンモーレンジィ
　　　　テイン　ロスシャー
ビジターセンター：あり
入手方法：非常に希少

一体全体バクストンは何を飲んでいるんだ？　そんな質問が出るのも当然だ。
　たしかに、ミニボトルを本書に掲載すべきかどうか、非常に悩んだことは認める。だが何人かのコレクターから話を聞くうちに、彼らがこの小さなボトルに向ける計り知れない愛着を垣間見た。共有できたとは言わないまでも、ミニボトルを追い求める気持ちがどれほど激しいのかは分かった。
　そしてこのボトルは、ミニチュアコレクターの世界において非常に希少価値が高い。ミニチュアの"聖杯"とまでは言わないが、それでもトップ5には入るだろう。1920年代にまでさかのぼるこのラベルは、私たちが昔から慣れ親しんできた伝統的なグレンモーレンジィのラベルとも、今日のよりお洒落なバージョンとも大きく異なっている。だが、グレンモーレンジィに変わったラベルがあることは有名で、デレック・クーパーは名著『A Taste of Scotch』（スコッチの味）の中で、特に魅力的な二つを紹介している。
　左に掲載したものは、ずいぶんぞんざいに文芸作品をネタにしているラベルだ。赤いベストを着た紳士は、サー・ウォルター・スコットへの敬意を表す碑文を刻んだ石を掲げており、足元には飲み干したと思われるボトル（ミニチュアではないことは確かだ）が転がっており、アルフレッド・テニスンの「Sir Galahad」（サー・ガラハッド）をからかい半分にもじっている*。
　グレンモーレンジィは、サー・ウォルター・スコットに少々傾倒していた時期があったようだ。デレック・クーパーが紹介する二つのラベルに描かれているし、左のラベルで空高く掲げられている石は、ただの石ではない。これは今日A9（スコットランドの道路名）の西側、蒸留所のちょうど北方に置かれている、氷河で運ばれてきた石だ。この石にはサー・ウォルター・スコットの名が刻まれており、橋の建設工事で働いていたある石工が、偉大な男の作品を賞賛するために刻んだというのが通説とされている。足を止めて見るだけの価値はある。蒸留所はかつてこの石に魅了されていたようなので、いっそのこと公認にしたほうがいいんじゃないかと思う。
　このミニボトルは非常に希少性が高い。グレンモーレンジィ自体、スコットランドの外でシングルモルトを販売した最初のメーカーのひとつであり、伝説的な地位を確立している。現に私も、本書のいたるところでこのブランドについて言及している。もしこの小さなボトルが売りに出されているのを見かけたら、必ず確保しよう。たとえ欲しくなくても、冷たくあしらわないでほしい。ミニボトルに心を奪われたコレクターが、どこかでこれを熱望しているのだ。
　奇妙に思われるかもしれないが、私でさえ封を開けることは許されなかった。

＊ 1920年代の男子学生ならみんな知っているが、ガラハッドが十人力なのはピュアなハートを持っていたからであって、ピュアなモルトを飲んでいたからではない。なんともジョークが効いたラベルだ。

36 Lost 幻の一本
グッダラム&ワーツ
Gooderham & Worts

生産者：ジェームズ・ワーツ社
蒸留所：グッダラム&ワーツ
　　　　トロント　カナダ
ビジターセンター：ディスティラリー地区に
　　　　　　　　建設中
入手方法：たまに（幽霊の）目撃情報あり

蒸留所の中には、幽霊が出ると言われているところがいくつかある。そんな話を聞いたら、知らんふりをして通り過ぎるわけにはいかない。だが、どれを掲載するべきだろうか。放棄された蒸留所はどれも幽霊が出そうな雰囲気が漂っている。今もそこにスピリッツ（魂）がさまよっているからだ。お約束のくだらないダジャレを言ってしまった。お許しいただきたい。

　実際、幽霊が出る蒸留所はかなり多い。アイルランドのキルベガンでは、何人かの元オーナーたちが幽霊となって蒸留所の中をさまよい歩いているそうだ。スコットランドでは、グレンスコシア蒸留所やグレンキンチー蒸留所に幽霊がよく出ると言われている。ケンタッキー州のバッファロートレース蒸留所では、27人もの幽霊がいると自慢している[*1]。

　だがトロントにある古いグッダラム＆ワーツ蒸留所は、少し状況が違っている。1831年にジェームズ・ワーツ[*2]が製粉所として創業し、蒸留を開始したのはその6年後だったが、19世紀後半には年間210万ガロン（約950万リットル）以上を生産する、世界最大の蒸留所のひとつになっていた[*3]。

　当時、グッダラム＆ワーツは世界有数の生産者であり、カナダ市場において非常に重要な役割を占めていた。また、そのウイスキーは遠くリバプールやロンドンにも輸出されていた。

　だがかわいそうなことに、ジェームズ・ワーツは生きてこれらを目にすることはなかった。1834年に奥さんが出産の最中に亡くなり、この不幸な男は蒸留所の象徴的だった風車の下にある井戸に身を投げて自殺してしまったのだ。禁酒運動とその後の禁酒法の影響を受け、1923年に一族が蒸留事業を売却するまでは、彼の幽霊は安らかに息を潜めていた。新しいオーナーであるハリー・C・ハッチは客のえり好みが少なく、国境を越えたアメリカと違法なつながりを持つ仲介業者たちにも製品を販売し、この会社を救った。

　しかし、ジェームズ・ワーツの魂はこうしたいかがわしい付き合いに心乱されたとみえ、奇妙な音がしたり不可解な現象（ドアが勝手に開閉したり、原因もなく照明がついたり消えたりするといったこと）が起こるようになった。これらの現象を見て、訪問者や従業員は一様に不安を感じるようになった。この幽霊は基本的には無害だったそうだが、2005年にはドアをすり抜けていく姿が目撃されている。何とも不気味な話だ！

　でもここでは、ウイスキーにボディ（死体）があるなんて冗談は一切言わないつもりだ。そんなことをしたら、後味が悪くなってしまう。

[*1] 私がそう感じるだけかもしれないが、この冗談はちょっといき過ぎではないだろうか？　一人、二人なら許せるが、27人の幽霊は欲張りすぎだろう。
[*2] ワーツとは「麦汁」の意味だ。姓名判断も当てになるということか。
[*3] 世界最大と記した記録もあるが、ダブリンの巨大な蒸留所がこれに匹敵する規模で操業していた。

37

Living 現存

ゴードン&マクファイル
Gordon & MacPhail

生産者：ゴードン&マクファイル
蒸留所：なし
ビジターセンター：マレイ州エルギン市
　　　　　　　　サウスストリートの小売店
入手方法：広く流通

ショップがウイスキーの伝説的存在となりうるだろうか？　今回のケースでは、それも可能だろう——だがゴードン＆マクファイル社は、エルギン市のサウスストリートにある同社の有名なショップをも凌駕する存在だ。

　この会社は1895年に「家庭用食材、紅茶、ワイン、スピリッツの商社」として設立された。これは絶好のタイミングであった。時代は一大ウイスキーブームを迎えており、スペイサイドはこの恩恵を受けて大いに栄えていた。この時期に数多くの有名なウイスキー会社が創業しており、その中にはグローグ・オブ・パース（現在のフェイマスグラウス）、ジョニーウォーカー、シーバスブラザーズ、ブキャナンズ、デュワーズ、グラハムブラザーズ（現在のブラックボトル）なども含まれる。

　だがこれらの会社の大半は大手グループに買収されて元のルーツから切り離されるか、もしくは完全に消滅してしまっている。それに対し、ゴードン＆マクファイル社はますます力をつけている。同社のショップは今日も訪れる人に喜びと感動を与え続けており、さらに、ショップ運営にとどまらない幅広い活動を行っている。新たなフィリング（樽詰め）の発注、様々なラベルによるバラエティ豊かなウイスキーの瓶詰め、ワインやスピリッツの卸売り（多くのパブやホテルから信頼されている）、そして1993年にはベンローマック蒸留所を買収して改修を行い、自社で蒸留も始めるようになった。

　これらは家族経営を続けているからこそ可能なのだ。1915年にジョン・アーカートが会社を引き継いで以降、彼の子孫たちが経営を続けてきた。善良で堅実なスコットランド人である彼らは、他人任せに生計を立てるのではなく、自分たちの手で事業を行う姿勢を4世代にわたって貫いている。

　この店は長年にわたって、シングルモルトを購入できる数少ない場所のひとつだった。ロンドンのミルロイ・オブ・ソーホーと共に、ブレンデッドの大きな波に対抗して、シングルモルトの炎を燃やし続けてきたと言えるかもしれない。これだけでも伝説に値するが、加えて彼らは並外れた品質と熟成年数のウイスキー、時には製造元の蒸留所よりも古いウイスキーを所有している。なぜなら最初に仲介ビジネスを開始した時から、新しくフィリングされた樽を購入し続けているからだ。

　究極のシリーズは「ジェネレーションズ」として知られている。70年物のウイスキー2種類（モートラックとザ・グレンリベット）や、2012年にエリザベス女王の即位60周年を記念して瓶詰めされた、傑作の誉れ高いグレングラント60年などがある。だが、ゴードン＆マクファイルの伝説を体験するために何千ポンドもの大金を払う必要はない。ラベルに彼らの名前が入っているウイスキーはどれも素晴らしいからだ。創業時の1895年、彼らは「最高の満足度」を提供することを約束し、今でもそれを実行し続けている。

38 Living 現存

グリーンスポット
Green Spot

生産者：アイリッシュ・
　　　　ディスティラーズ社
蒸留所：ミドルトン
　　　　コーク　アイルランド
ビジターセンター：ダブリン
　　　　　　　　　CHQ ビルディング
　　　　　　　　　にある小売店
入手方法：専門店から

これは生ける伝説——ウイスキー界のシーラカンスだ。昔かたぎの保守的なワイン商、ダブリンのミッチェルズに敬意を表そうではないか。彼らは他のすべての蒸留所がアイリッシュウイスキーの財産であるポットスチルウイスキーを断念した時も、その炎を燃やし続けてきた。もちろん、風前の灯火だったことは確かだ。年間の生産量がわずか500ケースというどん底の状態に置かれ、特にミドルトン蒸留所の生産規模と比べれば、これほど少ない量では生産を続ける価値がないと、アイリッシュ・ディスティラーズ（IDL）が決断してしまう危険に常にさらされていた。

　幸運なことに、小規模ながらも博識な愛好家のグループが、この素晴らしいボトルをミッチェルズから購入し続けた。最近まで使われていたパッケージがかなりダサかったにもかかわらずだ（つまりマーケティング的に言えば、人々は棚に並んだ時の見栄えよりも、中身に関心を払っていることの証明でもある）。これはほとんど忘れ去られたかのような古いボトリングのやり方だった——まさに街の酒屋のボトルだ。かつてのワイン商やスピリッツ商はそれぞれ独自のウイスキーを出していたが、ごく最近まで続いたアイリッシュウイスキーの衰退に合わせて少しずつ数が減ってゆき、そのほとんどは失われてしまった。ミッチェルズもブランドの数を減らし、ブルースポット、レッドスポット、イエロースポットとあったラインナップを、グリーンスポットひとつに絞った。

　そして運命が変わり始める。自社のレッドブレストが成功していることと、シングルモルトスコッチへの関心の高まりと販売量が増加していることを知り、IDLはポットスチルウイスキーをリバイバルさせる絶好の機会だと判断したのだ。2012年5月、IDLはミッチェルズと共にイエロースポットの12年物を販売し、ウイスキー愛好家からの称賛を得た。そしてグリーンスポットともども、パッケージをリニューアルした。不本意ながらも、お洒落なボトルになったことは認めよう。この流れに沿って、IDLはパワーズ・ジョンズレーン・エディションといった自社のポットスチルウイスキーを復活させ、レッドブレストにも21年物が追加された。アイルランドの蒸留産業は息を吹き返し、ウイスキー市場での世界的な競争力を見せ始めている。これはいいことである。

　ダブリンに行くことがあったら、ぜひミッチェルズ店を訪れて、ボトルを購入してほしい。以前よりも簡単に入手できるようになり、人気も上昇しているが、もしできるのであれば、その起源となる店を訪れて、彼らの忍耐と粘り強さを称賛してあげよう。

　ここで読者の購買意欲を高めるために、その風味についてちょっと説明しておく。非常に素晴らしいウイスキーで、ワクシーさとオイリーさ、なめらかさが口の中に広がる。香りはプラムジャム、フレーバーはハチミツ、ミント、クローブ、ウッディさ、そして多くのスパイスが楽しめる。

39

Lost 幻の一本

ハニスヴィル・ライ
Hannisville Rye

生産者：ハニス・ディスティリング社
蒸留所：ハニスヴィル　ペンシルバニア州
　　　　アメリカ合衆国
ビジターセンター：なし
入手方法：オンライン販売

間違いなく、これは私がこれまで飲んだ中で最も古いスピリッツだ。アルマニャックを含めても一番古い。この事実だけでも記憶に残るだろう。しかしそれ以上に、素晴らしく美味しいウイスキーだった。私はアブサンやその他の古いスピリッツを専門に扱う「FinestandRarest.com」から、200mlのサンプルボトルを入手した。運が良ければまだ残っているかもしれない。もしあったらすぐに購入したほうがいい。
　かつてペンシルバニア州は蒸留業の一大拠点だったが、禁酒法を生き延びた会社はほとんどない。ハニス・ディスティリングもそのひとつだが、私はこの会社に関して、販売元が公開している物語を転載するくらいしかできない。
　「あなたが購入したハニスヴィル・ライは、少なくとも1913年頃から私の家に代々受け継がれてきたものだ。家族の言い伝えによれば、このハニスヴィル・ライは1863年に蒸留され、オーク樽の中で50年間寝かされていた。1913年にカルボイと呼ぶガラス製の容器に移し替えられ、今あなたの手に渡っている。これはもともと、私のひいひいおじいさんに当たるフィラデルフィアのジョン・ウェルシュが購入した。彼は1877年から1879年まで、英王室の特使を務めていた[*1]。
　あなたが手にしているカルボイは、元々はロードアイランド州プロビデンスのマーチャント・コールド・ストレージ・アンド・ウェアハウス社に保管されており、その後、同州ウェイクフィールドにあった私の祖父母の夏の別荘、シャドーファームに移された。私の祖母が亡くなる1985年までここで保管され、その後同州サンダースタウンにあった私の両親の家に移された。しかし2003年に母が亡くなると、このカルボイは私の持ち物になった。およそ100年間家族に受け継がれたすえに、このハニスヴィル・ライはようやく私の元へやってきたのだ」
　この物語が信用に価し、疑う余地がないなら、このハニスヴィル・ライは150年物ということになる。もしくは1913年にガラス瓶に入れられているので、厳密に言えば50年物のライウイスキーを100年間保存したサンプルということになる。どちらにしても、禁酒法以前から生き抜いてきた稀有な1本だ。もっと他に書くべきことがあるのは分かっている。しかしこれを飲んだことは非常に感動的な体験だったのだ[*2]。この本は決してテイスティングノートではない。それでも、並外れた長い歳月を生き抜いたこのウイスキーには、それを記すだけの価値があるだろう。

色：鮮やかで、深く、輝くような金色。
香り：圧倒的に力強く、柑橘系の果実、スパイス、ハチミツ、カラメル、甘草、バニラが複雑に絡み合っている。
味覚：先に記した香りがより濃厚な味となって感じられ、ミント、乾いたトネリコ、蜜蝋が加わり、その味わいは見事だ！

[*1] イギリス駐在の米国大使という言い方もできる。
[*2] そうとも。私はまだ200mlを飲み切っていない。最後の一滴を注ぐのは、神への冒とくだとさえ思えたのだ。

40　　　　　　　　　　　　　　　Living 現存

響
Hibiki

生産者：サントリースピリッツ
蒸留所：なし　ブレンデッド
ビジターセンター：あり　山崎蒸留所と
　　　　　　　　　　　白州蒸留所
入手方法：専門店から

これはサントリーが自ら「響」について語っている言葉だ。椅子の肘かけをしっかりとつかんでおいてほしい。なぜなら、今ではウイスキー業界でも当たり前に見られるようになった、度が過ぎる誇大広告をもってしても、これはかなり強烈だからだ。

　「伝説のウイスキー、響は、本物のハーモニーを奏でている。神秘的なまでの完成度、ウイスキー造りの英知、そして日本の職人の技を写す鏡だ。

　響とは日本語で『共鳴』を意味する。このウイスキーは、審美眼を備えたウイスキー愛好家たちの魂と感性に語りかけている。響は、日本の古い太陰暦による二十四節気が備えていた自然の繊細さと共鳴しあっている。様々なタイプの樽で熟成されたシングルモルト原酒が数多く使われており、その中には、日本の非常に希少なオークであるミズナラの樽で熟成されたものも含まれている。これらすべてが組み合わさり、味わいと香りのフルオーケストラを奏でているのだ。誘惑的で、魅力的で、神秘的な響は、このメーカーの比類なきブレンディングの技と、熟練した職人の仕事、高級なセンスを礼賛している」

　大した宣伝文句だろう？ 実際に非常に素晴らしいウイスキーであることは間違いない。恐らく今では、見識のあるウイスキー愛好家の間では、ジャパニーズウイスキーを褒めるのは決まり文句のようなものだ（ベネズエラのよくわからないものを取り上げるほうがずっといい。珍しいものであればあるほど、あなたの一風変わった知識をひけらかすチャンスになる）。ほんの少し前まではジャパニーズウイスキーは評価されていなかったかもしれないが、このような製品のおかげで徐々に高い評価を築いてきたのだ。

　財布に余裕がある人なら購入できる30年物（ボトル1本は高くても900ポンドほどだ）を含め、響のラインナップはあらゆる主要な賞を受賞している。ここで列挙するのはあまりにも退屈なので紹介はしないが、つまりこれは「伝説」の称号を受けるに価する素晴らしいウイスキーであり、それゆえ数々のメダルを受賞しているのだ。ウェブサイトに掲載されているコピーは大げさすぎるかもしれない。また、ボトルは少々女性的すぎて趣味に合わないかもしれない。だが蓋を開けるまでちょっとだけ待ってほしい。

　30年物には「世界最高のブレンデッドウイスキー」と呼ばれるだけの十分な理由があるが、個人的にはこの「世界最高」というナンセンスな言葉には賛成しかねる。ウイスキーのように複雑で威厳のあるスピリッツを評価するには、あまりに単純で形式化した判定のように感じるのだ。ウイスキーにおいては、主観的な個人の好みがもっと役割を果たさなければならない。もちろん、このウイスキーは卓越しているので、彼らの言いたいことも分かるのだが。安くはないが、幸いにも簡単に手に入るボトルだ。この複雑さ、素晴らしい魅力、力強く続くフィニッシュは、試してみるだけの価値はある。

41

Luxurious 高級品

ハイランドパーク
Highland Park
50年
50 Years Old

生産者：ハイランド・ディスティラーズ社
蒸留所：ハイランドパーク
　　　　カークウォール
　　　　オークニー諸島
ビジターセンター：あり
入手方法：専門店から

私はオークニー諸島とハイランドパークには目がない。私がことさら気に入っている蒸留所のひとつであり、どんな時と場合でも、飲むに適したウイスキーである。
　どの年代のものも素晴らしいが、まとまった金額を派手に使いたい人のために、2種類の50年物をお薦めしよう。ひとつは1902年（信じがたい！）に蒸留され、ベリー・ブロス＆ラッド社によって1952年に瓶詰めされたものだ。もうひとつは蒸留所自体が2010年に発売したものだ。厳密に言えば、ベリー・ブロス＆ラッドが瓶詰めしたものは合法的なウイスキーではない。オックスフォード大学がこのボトルを検査したところ、アルコール度数が基準にほんの少し満たない39.8％*という結果が出たからだ。だからといって私はこのボトルを取り下げる気は毛頭ない。2010年に販売されたほうは44.8％なので、それでいいだろう。
　二つのボトル（中身ではなくボトルの形）を比較してみると、この60年間でウイスキーがどのような変化を遂げてきたかがよく分かる。1952年に瓶詰めされたものは標準的なトール瓶に、紙ラベルが貼られているだけだった。
　一方最近販売されたものは特製のボトルに入れられ、ボトル自体もスコットランド人アーティストのミーヴ・ギリースがデザインした、海にたなびく海草をイメージした銀の細工に覆われている。これが特注の、のぞき窓のついたオークの箱に入れられ、ボトルがほんの少し見えるようになっている。中身をある程度飲むと（すぐに飲み干さない理由は思い当たるだろう）、砂岩で作られたハイランドパークのロゴの裏側に、ローズウィンドウのデザインがあるのが見える。もちろん、これらはすべて高くつく。ベリー・ブロス＆ラッドのボトルは専門店にまだ数本残っており、7500ポンド前後の値がついている。一方「新しい」50年物の販売価格は1万ポンドで、発売以降値上がりし続けている。もしボトルが見つからない場合は、次に発売される2014年まで待たなければならない。
　いずれも素晴らしいウイスキーであり、ハイランドパークが本当に特別な蒸留所であることは間違いない。ただひとつだけ、少し気がかりなことがある。それは最近の「コレクター向け」製品の量とペースについてだ。このタイプのウイスキーに対する需要を過大評価するという過ちは簡単に起きる——私だけかもしれないが——北欧神話をモチーフにした最新のリリースはつまらない企画に思えてしまう。たぶん私だけなのだろう。十分売れているのだから。
　神ではないが、1883年にデンマーク王とその友人のロシア皇帝がハイランドパークのウイスキーを「これまで味わった中で最高のウイスキーだ」と断言している。私に異論を述べる資格はない。

＊　現在のスコットランドの法律では、スコッチウイスキーのアルコール度数は下限が40％と定められている。

42

Legend 伝説

イザベラズ・アイラ
Isabella's Islay

生産者：ラグジュアリー・ビバレッジ・カンパニー
蒸留所：不明
ビジターセンター：なし
入手方法：どなたかご存知ないか？

ホワイトゴールドのコーティングに8500個のホワイトダイヤモンドと300個近いルビーをちりばめた英国製のクリスタルデキャンタに入った「非常に古いアイラ島のシングルモルト・カスクストレングスウイスキー（原文のまま）」。これがあなたのものになるかもしれない。たぶんそんなあなたは620万ドル（約400万ポンド）をその辺に転がしておくだけの余裕があり、夜になればピーティなウイスキーをたしなむのが好きな人なのだろう。

　もしくは私のように、あまりにも品がなく、仰々しくて、センスが欠けており、ゆえにシュールなほどの面白さがあると思う方もいるだろう。最初に販売されたのを目にした時は、あまりの奇怪さゆえにエイプリルフールの冗談なのではないかと思ってしまった。大して関心のなかった大衆は、2011年5月、突如としてこのウイスキーの存在を意識するようになった。「世界一高額なウイスキー」という情報をつかんだ、だまされやすい物書きたちがこのウイスキーを取り上げたからだ。ちょうどマッカランがシールペルデュ（別項を参照）を出した直後で、超高額ウイスキーに対する過剰すぎる宣伝が注目を浴びていた頃だった。この熱狂したステージに、これまで誰も知らなかったラグジュアリー・ビバレッジ・カンパニーという会社が、驚くような商品と共に登場してきたのだ。

　こんなものを買おうとする人間はいないだろう。そう思ったが、本書のために念のためチェックしておこうと思った。620万ドルで販売されるようなウイスキーは、どんなに趣味の悪いパッケージに入っていても間違いなく伝説になるだろう。当時、ザ・ウイスキー・エクスチェンジのブログはイザベラズ・アイラの価格をネタにして盛り上がり、怒ったラグジュアリー・ビバレッジの経営者から連絡が来たそうだ。少なくともしばらくの間は、このプロジェクトが本当に生きていたということなのだ。

　（この記事の執筆時点では）イザベラズ・アイラのウェブサイトはまだ存在しているが、企業登記局のホームページで調べたら、ラグジュアリー・ビバレッジは2013年1月で「解散」と表示されていた。2年と1ヵ月続いただけで、収支計算書なども提出されていないようだ。ラグジュアリー・ビバレッジ・カンパニーは、マンチェスター郊外のディズベリーにある、小さなオフィスが集まる一角に拠点を置いていた。近くにはポタリー・フロム・ポーランド社、エース・ガス・サービス、ディズベリー・セラー・コンバージョン社などがある。デキャンタを保管する必要があるとすれば使えそうな会社だ。

　このプロジェクトの背後にいたと思われる人物のメールアドレスを見つけたのだが、本書が印刷に回された時点でもまだ返事は来ていない。この奇妙な容器の中にどんなウイスキーが詰められようとしていたのか、私には見当がつかない。そもそも、すべては私の夢の中の出来事だったのかもしれない。

　イザベラズ・アイラは伝説か神話か。それはあなたが決めてほしい。ついでに言えば、イザベラとは誰のことだったのだろう？　せめてそれだけは教えてほしかった。

43

Living 現存

ジャックダニエル
Jack Daniels

生産者：ブラウンフォーマン社
蒸留所：リンチバーグ
　　　　テネシー州　アメリカ合衆国
ビジターセンター：あり　リンチバーグの
　　　　　　　　街全体がビジターセンター
入手方法：広く流通

偉大なウイスキーとして記録されるアメリカンウイスキーはそんなに多くない（理由を知りたい方はジムビームの項を参照）。だが、グローバルマーケティングを展開しているこの巨大な会社を無視するわけにはいかない。端的に言えば、非常に特徴的なパッケージをしたこのウイスキーはアメリカの象徴でもある。

　このウイスキーが大衆文化の中にどれくらい登場するのか、リストアップしてみることにした。『アニマル・ハウス』『シャイニング』『セント・オブ・ウーマン／夢の香り』。この他にも伝え聞くところによれば、フランク・シナトラはジャックダニエルと共に埋葬されているそうだ（彼のコンサートの契約書には「ジャックダニエルを用意する」という一文が必ず盛り込まれていたという）。少なくとも16本の映画を数え終えたところで、私はすべての音楽や映画を調べることを断念した。要するに、非常にアメリカ的で、ロックンロールで*、南部のお人好しな人間といったキャラクターを簡単に表現するアイテムが、ジャックダニエルなのだ。これは悪いことではない。

　素晴らしい広告の効果もあり、経営者の移り変わりがプレミアリーグのサッカー選手のチーム移籍より早いウイスキー業界の中でも、このウイスキーは変わらぬ一貫性を保ち続けている。多くの人がこれをバーボンと勘違いする中、忠実なファンはテネシーウイスキーであることをきちんと理解し、単純に「ジャックを」と言って注文する。彼らのおかげでこのウイスキーは世界的な人気を博しているのだ。

　コカコーラで割ったり、グラスに大量の氷を入れて飲むことが多いが、これではせっかくサトウカエデの炭でろ過した良さが損なわれてしまう。通の人たちが飲むウイスキーと見なされることはまずないが、このブランドは数ドル余計に払う準備ができている人向けに、プレミアムウイスキーのラインナップも用意している。

　この巨大な蒸留所は、故郷のリンチバーグでビジターセンターを運営し、成功を収めている。ことあるごとに述べられているように、リンチバーグは「ドライ・カウンティ」（酒の製造はできるが販売が禁止されている地域）だ。しかし蒸留所はボトルを販売してもよいという特別な許可をもらっている。観光地として十分な経済効果が生まれており、多くの観光客を引き寄せている。だがそれに意欲をそがれる必要はない。無駄に洗練されていて、ガイドは過剰なまでに"カントリースタイル"を演出しているが、それでも十分楽しむことができる。

　「Old No. 7」の起源については、激しい議論の的だ。オリジナルのレシピはウェールズのラネリから来た植物学者が生み出したものかもしれないこと、創業者のジャック・ダニエルはニアレスト・グリーンという奴隷から蒸留技術を教わった可能性があることも、ほとんど公にされていない。あくまで「そうかもしれない」という話だ。

＊ 写真家のジム・マーシャルが1972年に撮影した古い写真に、ミック・ジャガーがステージ裏でジャックダニエルを手にしているものがある。クリケットを愛するロックの神様がボトルを撫でている写真だ。彼が今よりもワイルドだった頃のワンシーンだ。

44

Living 現存

ジェムソン
Jameson
リミテッドリザーブ18年
Limited Reserve 18 Years Old

生産者：アイリッシュ・ディスティラーズ社
蒸留所：ミドルトン　コーク州　アイルランド
ビジターセンター：あり
入手方法：広く流通

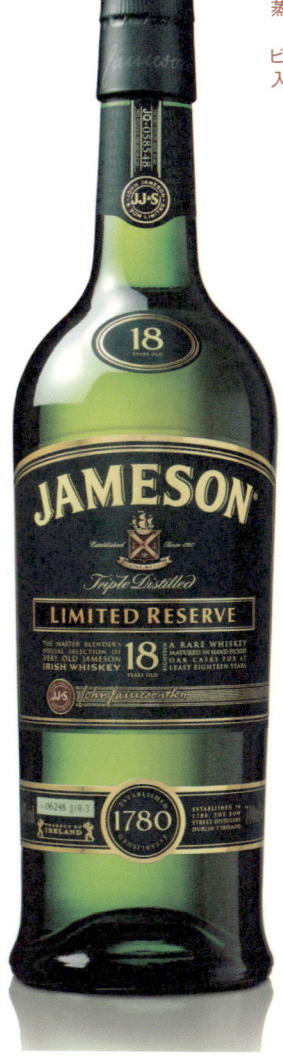

皆さんのご想像通り、ジェムソンはダブリンにある自社の偉大な蒸留所が、ケネットパンズ出身のスコットランド人、ジョン・スタインによって創設され、1805年に初代ジョン・ジェムソンが実権を掌握したという事実をあまり強調していない。ご存知のように当時のアイルランドはイギリスの一部であり、起業家精神を持った野心的な人々が、経済の一大中心地であったダブリンで財を成そうと考えるのはそれほど珍しいことではなかった。

　だが蒸留所を拡大し、当時世界最大の蒸留所のひとつに育て上げたのはジェムソン一族だ。世界初のウイスキージャーナリストであるアルフレッド・バーナードが1886年頃にここを訪れているが、当時の敷地面積は5エーカー（約2万平方メートル）以上もあり、年間の生産量は約100万ガロン（約450万リットル）に達していたという。今日の蒸留所と比べてもかなり大きな規模だ。

　長くて込み入った話なのでかいつまんで話すが、20世紀以降アイリッシュウイスキーは著しく衰退し、1966年にはジョン・ジェムソン、コーク・ディスティラーズ、ジョン・パワーズの3社が合併してアイリッシュ・ディスティラーズ社を結成した。コークにほど近いミドルトンに建設された新しい複合蒸留所は、今では観光名所となっている古い蒸留所に隣接しており、その他のダブリンの歴史的な蒸留所はすべて閉鎖された。1988年にアイリッシュ・ディスティラーズ社がフランスの飲料コングロマリットであるペルノリカールに買収された際、ジェムソンブランドも同社に移っている。現在彼らは年間300万ケース以上を売り上げ、ジェムソンは世界一のアイリッシュウイスキーとなった。近年の2桁成長を受けて、最近この蒸留所は大幅に拡張された（ありがたいことに、その中には記録保管所も含まれていた）。同社は世界市場での大規模なシェアの拡大を狙っているのだ。

　だからここに掲載したわけではない。世界で最も美しい2冊のウイスキーブックを出版したのはもちろんだが*、これを別にしても、あらゆるものの中でジェムソンはアイリッシュの世界的シンボルとして見られているのだ。確かに、ボトルは「エメラルドアイランド」とも呼ばれるアイルランドのシンボルカラー、グリーンに包まれている。小説やテレビ、映画の中でも、グラス1杯のジェムソンがもっとも手っ取り早くキャラクターの人物像を語る。だがこのブランドが心配しているのは、ドラマ『The Wire』（ザ・ワイヤー）に登場するジミー・マクノルティ刑事と仲間たちが、並外れた量のジェムソンを、決してマナーがいいとは言えない飲み方で飲んでいることだろう。

　個人的にリミテッドリザーブ18年は特にお気に入りだ。私は最初にバリー・クロケットからこれを飲ませてもらった。彼はアイリッシュ・ディスティラーズ社のベテランマスターブレンダーであり、伝説の男でもある（彼はこの場所で生まれたのだからなおさらだ）。この日が、彼にとっても記念すべき日であったことを願っている。

---

* 『The History of a Great House』（偉大な一族の伝説）と『Elixir of Life』（不老不死の薬）だ。どちらもハリー・クラークが挿絵を描いており、1920年代に出版されている。希少で高額だが、素晴らしい本だ。

45

Living 現存

ジムビーム
Jim Beam
ホワイトラベル
White Label

生産者：ビームサントリー社
蒸留所：クレアモント
　　　　ケンタッキー州　アメリカ合衆国
ビジターセンター：あり
入手方法：広く流通

本書に掲載されているアメリカンウイスキーは多くない。それにはちゃんとした理由がある。ひとつは、ごく少数を除いて、アメリカ以外で販売されているブランドがないこと。二つ目に、このマーケットに関して、私は伝説のウイスキーを決める権限など到底持ち合わせていないことだ[*1]。だがこのウイスキーは間違いなく本物の伝説である。1795年に創業した会社は、度重なる所有者の交代、禁酒法、ウォッカの台頭によるゆるやかな売り上げの減少などを乗り越え、21世紀に力強く甦った。まさに時代の生き残りなのだ。

　スタンダードなホワイトラベルより優れたバーボンがたくさんあることは認めよう。だが公正を期すために述べておくが、このウイスキーは樽の中で4年間熟成されている。毎日楽しむタイプのバーボンの多くはこれほどの熟成期間をかけていない。ジムビームはこの他に、よりプレミアムなブラックとデビルズカット、さらに2種類のフレーバードスタイルなども提供している。

　ビーム一族の子孫であった故ブッカー・ノウは、マスターディスティラーであり、スモールバッチバーボンを初めて生み出した人物であり、現在の当主フレッド・ノウの父親に当たる人物でもある。彼がブラックチェリー風味のバーボンを見てどう思うかは分からないが、ビーム一族からノウ一族へと続く蒸留の血筋は非常に強く、この会社は60以上のウイスキーブランドと関係している。彼らはアメリカンウイスキーの君主であり、ジムビーム・ホワイトラベルはそんな彼らを象徴する商品なのだ。

　広告にはショーン・コネリーやレオナルド・ディカプリオを起用し、『タラデガ・ナイト／オーバルの狼』や『ファイナル・デスティネーション』といった映画[*2]にも登場する。また、肉用のマリネソースやバーガーといった派生商品まで生まれている。

　現在、専門家の分析によれば、親会社であるビーム社はディアジオ、ペルノリカール、バカルディなどの買収標的となっているそうだ。彼らはアメリカを象徴するこのブランドが欲しいと見える。100以上の国で最も売れているバーボンであり、グローバル展開に成功している数少ないアメリカンウイスキーのブランドという、他にはないステータスは実に魅力的なのだ。

　実に予言的だった！　この本が印刷に回されたのと時を同じくして、サントリーが株式公開買付を行い、ビーム社の事業を買収することで同社の役員会と合意したことを発表した。費用は160億ドルになるそうだ。日本が一大蒸留産業の国だということを疑う人がいるが、これを機会にもう一度考え直すべきだろう。

[*1] こんなとりとめのない話にお金を払ってくれたのだから（ありがとう）、あなたには正直に言おうと思った。
[*2] 取りこぼしがあるはずだ。必要があれば、追記してほしい。

46

Living 現存

ジョニーウォーカー
Johnnie Walker
ブラックラベル
Black Label

生産者：ディアジオ
蒸留所：なし　ブレンデッド
ビジターセンター：あり　スペイサイド
　　　　　　　　　　　カードゥ蒸留所
入手方法：至る所で購入可能

なぜこんなありふれたウイスキーがここに掲載されているのか。こう疑問に思うのも当然のことだ。しかも何だってこんな不気味な写真を使っているのか、と。

　写真の件についてはお詫びするが、ここに掲載したのは100年以上の歳月を重ねたボトルということでお許しいただきたい。よく見てほしい。長方形のボトル、斜めに貼られたラベル、そして「12年以上を保証」と書かれている。ピンとこないだろうか？

　これは、今日のジョニーウォーカー・ブラックラベルの先駆けとなったボトルだ。世界で最も売れているプレミアムウイスキーであり、ウイスキーの歴史とは切っても切れない縁で結ばれているウイスキーだ。

　ディアジオのブレンダーたちは、アレクサンダー・ウォーカーが用いたオリジナルのレシピブックを持っており、彼のブレンディングの原則を忠実に守っている。ウイスキーを「風味のブロック単位」で用いることで、他にはない特徴的な香りを、どのボトルでも再現できるようにしたのだ。これは素晴らしい、称賛に価する成果だ。

　そして嬉しいことに、業界の同業者たちもこの成果を認めている。この101本シリーズの1作目の調査をしていた際に、この業界の多くの人たちに「無人島に持っていきたいウイスキー」を三つ挙げてもらったところ、何人もの人がジョニーウォーカー・ブラックラベルを選んだのだ。高い評価を受けている確かな証拠である。

　当然ながらこれは熟達したブレンドであり、すべてのウォーカーブレンドに特徴的な、スコットランドの西海岸に由来するスモーキーさを兼ね備えている。この商品が最初に世に出て以降、ウォーカーは数多くのバリエーションを生産してきたが、このボトルはブレンダーたちの基準であり続けた。変化し続ける世界で、他の追随を許さない一貫性と、価値を持ち続けてきたのだ。

　スコッチウイスキーの未来は、このような製品によって築かれていくのだろう。欧米で高級品や特別品のバブルが起きている今だからこそ、世界中の多くの人にとっては、12年ウイスキー、特に伝統と歴史を共有してきたこのようなボトルは、あこがれ、成功、楽しみの象徴であるということを忘れないでほしい。

　「世界中どこの街でも、安酒場に置いてあるボトルじゃないか」こう言って一笑に付すのは簡単だ。

　だが偶然でそこまでたどり着いたわけではない。要するに、このボトルに出会えたことを幸運に思えということだ。

47 Luxurious 高級品

ジョニーウォーカー
Johnnie Walker
ダイヤモンドジュビリー
Diamond Jubilee

生産者：ディアジオ
蒸留所：なし　ブレンデッド
ビジターセンター：あり　スペイサイド
　　　　　　　　　　カードゥ蒸留所
入手方法：招待者のみ
　　　　　問い合わせは可能

もうお分かりだと思うが、私は価格に重点を置いたウイスキーには感銘を受けない。だが、人々が自分にふさわしいと思ったボトルに金を払うこと自体には反対しない（中には購入することがばかげているように思える商品もあるが）。また、ブランドのオーナーたちが、突如として起こった超高級ウイスキーブームを利用したがるのも分かる。「何か問題でもあるのか？」と疑問に思う人もいるだろう。

　言うまでもなく、ブームに流され、すべてのウイスキーの価格が高騰してしまうことが問題なのだ。太りすぎたロシアの大富豪であれば毎日飲むウイスキーに大金をつぎ込めるだろうが、謙虚な酒飲みたちはそんな余裕を持ち合わせていない。私の言うことが信じられないなら、あなたのお気に入りのボトルの5年前の価格を調べてみるといい。

　だが、ここで紹介するものは例外である。ディアジオはこの商品の全利益を「イギリスにおける伝統的な職人技術の繁栄」のために、クイーンエリザベス奨学金トラストに寄付することを約束しているからだ。世界の億万長者がこのボトルに金を払ってくれるのは、大いに歓迎だ。

　そして、これが途方もない代物であることは間違いない。私はこの銀細工を手掛けたエジンバラの高級宝石商、ハミルトン＆インチ社に出向いて、このボトルを実際に見てきた。専用の大きなケースに至るまで、とんでもなく素晴らしい代物であった。自分はこれよりずっと小さなトランクに一学期分の荷物をすべて詰め込んで、スクールに送り出されていたのを思い出した。

　ダイヤモンドジュビリーはエリザベス2世女王の即位60周年を記念して販売されたボトルだ。そして予想通り、この機会を利用しようと多くの「限定品」ウイスキーがこぞって販売された。だが私が思うに、これが最も上品で優雅なボトルだったと思う。その販売方法にも、十分な節度があった。

　当然60本の限定販売だ。ずいぶんと野心的に思えてしまうかもしれないが、売れ行きは好調で、この本を印刷している時点では、ほんの数本しか残っていないという。ちなみに購入するためには、自分にはそれだけの資金があることをディアジオに証明しなければならない。私はこの時点でアウトだ。

　実際にテイスティングする機会があったのだが、半宗教的な厳粛さを感じる雰囲気の中で、話にならないほどわずかな量しかいただけなかったので、あまりきちんと思い出せない。

　でもとても美味しかった気がする。もっと詳しい説明を期待していたとしたら、申し訳ない。

# 48

Legend 伝説

ジョニーウォーカー
Johnnie Walker
ディレクターズブレンドシリーズ
The Director's Blend Series

生産者：ディアジオ
蒸留所：なし　ブレンデッド
ビジターセンター：あり　スペイサイド
　　　　　　　　　カードゥ蒸留所
入手方法：不可能（ディアジオの重役
　　　　　は除く）

この可愛らしいボトルを見てくれ！　お洒落なパーティードレスに身を包み、こちらをじらしながら、あたなに飲んでもらう瞬間を待ちわびている。その魅力的な香りと、リッチで温かみのある風味が今にも伝わってきそうだ。
　しかし、これらのボトルはあなたの手には入らない。ディアジオの「ハイ・ハイテンズ」（スコットランド語で『組織の高官』という意味）のひとりになるか、ジョニーウォーカーと特別に親しくなるか、あるいはあなたがとても強い運の持ち主であれば、クリスマスにサンタが靴下の中に入れておいてくれるかもしれない。このボトルは毎年500本（数は入念にチェックされる）しか生産されず、ウォーカーブレンドにとって重要な6つの風味ブロックを再現するシリーズとして、誕生から6年目の2013年に完結した。
　これは業界の第一人者による特別なプライベートボトルで、ジョニーウォーカーブレンドが持ち合わせている様々な特徴を紹介することを目的としている。いわば教育のために作られたシリーズと考えてもらって構わない。
　ちょっとだけ真面目な話をすれば、これらはウォーカー社のスタイルと、その「風味ブロック」を体感することができるウイスキーだ。だが1回限りのリリースで、市販はされていない。例えば2008年のブレンドは熟成されたグレーンウイスキーが強調され、2009年のものはスコットランドの西海岸の蒸留所を支配するピート、風、塩の香りを含んだ空気などが強調されていた。2012年のものは、フルーティなハイランドモルトが強調されていたし、いずれにもはっきりとした特徴の違いが現れていた。ジョニーウォーカーの主要な要素のひとつを意図的に強調しているため、言ってしまえばバランスは悪いが、決して一次元的なものではない
　本当に偶然にも、ある1本のボトルがまるで魔法のようにオークションの場に姿を現したことがある。悪い人間がいるものだ。だが、2013年のチャリティーオークションでは、ディアジオからこのコレクションのコンプリートセットが出品された。私の知る限り、6本すべてが売りに出されたのはこの1回だけしかない。このセットは2万3000ポンドで落札されたが、落札者が展示目的に手許に置いておこうと決めない限り、いつの日か大手小売業者から販売されることがあるかもしれない。
　会社の重役や貴重なパートナーのために用意される世界にひとつだけのジョニーウォーカーブレンドなのだから、この世で飲めるウイスキーの中でも最高に美味しいものだと期待するだろう。妙なことに、その考えは間違っている。ジョニーウォーカー・ディレクターズブレンドは優れたウイスキーだが、わざとバランスを崩しており、完璧なブレンドとはほぼ正反対なのだ。また、一般的にブレンドは一貫性が重んじられるが、このウイスキーは毎年味を変えている。だから手に入らなくても、そんなに落ち込まないようにしよう。

49 Luxurious 高級品

軽井沢
Karuizawa
1964年
1964

生産者：ナンバーワンドリンクス社
蒸留所：長野県北佐久郡
　　　　軽井沢蒸留所
ビジターセンター：なし
　　　　　　　　　すべて取り壊し済み
入手方法：オークション　希少品

ナンバーワンドリンクス社は、2006年8月に『ウイスキーマガジン』の元発行人であったマーチン・ミラーによって設立された。そして彼の日本におけるビジネスパートナーのデイビッド・クロールが、日本の素晴らしいウイスキーをヨーロッパのシングルモルト愛好家のために輸入、流通させる業務を担っている。

　彼らはまんまと秩父、羽生、軽井沢といった蒸留所の独占販売権を取得した。交渉はかなり複雑で、奉仕活動のような仕事だっただろうと確信している。だが1964年に蒸留されたこの軽井沢のボトルはポーランド（なぜポーランドかは後ほど説明する）で143本販売され、1本9000ポンドという価格にもかかわらず、あっという間に完売した。だから恐らく、どこかで利益も発生しているだろう。

　それどころか、その後まもなく、さらに古い年代の軽井沢1960年が41本限定で販売され、価格は1本1万2500ポンドだった。これらは非常に素晴らしい箱に詰められ、1本ごとに異なるアンティークの根付が付いていた。ジャパニーズウイスキーを取り巻く環境がすっかり変わり、熱狂的な支持を急速に集めるようになったことを反映している。

　これらのウイスキーは、今まで販売された中で最も古いジャパニーズウイスキーのひとつであり、最も高額であることは確実だ。私としては、ジャパニーズウイスキーがうんちく好きな愛好家たちの間でカルト的な人気を集めるようになったのは、これらのウイスキーが転換点になったと見ている（本物の目利きたちは、何年も前から静かに楽しんでいたのだが）。このような点からも、これらのウイスキーは伝説的な地位を与えられるだけの価値があるだろう。

　ところで、1960年があるのに、なぜ1964年を選んだのかって？ 率直に言えば、私は後者を試したことはあるが、前者はないからだ。

　そして、なぜポーランドだったのか。画期的なウイスキーが販売されることを期待するような場所ではない。だがポーランドにルーツを持つマーチン・ミラーにとって、ワルシャワで希少な高級ウイスキーを富裕層向けに提供する業務を始めたウェルス・ソリューションズ社と仕事をすることは、まったく自然な流れであった。また、非常に素晴らしいグレンファークラス1953をポーランド向けにすでに販売していたという事実も、彼らを勇気づけた。

　ポーランドのウイスキー通たちは、このウイスキーをコレクションしたのだろうか、飲んだのだろうか。それともとんでもないことだが、投資目的でこのウイスキーを購入したのだろうか。それは分からない。もし投資目的であったなら、2013年10月にニューヨークで行われたボナムズのオークションには落胆したことだろう。手数料を含めた落札価格は（わずか！）7140ドルだったからだ。小売価格の半値以下の金額は、金に困っている売り主にとってはかなりの痛手だ。ボトルを引き渡す時にはさぞ打ちひしがれていたことだろう。

50

Lost 幻の一本

ケネットパンズと
キルバギー蒸留所
Kennetpans and Kilbagie

生産者：スタイン家とヘイグ家
蒸留所：ケネットパンズとキルバギー
　　　　ケネットパンズ
　　　　クラックマナンシャー
ビジターセンター：なし
　　　　　　遺構の見学は自由
入手方法：はるか昔に消滅

18世紀末、ケネットパンズ蒸留所とキルバギー蒸留所が大きく繁栄していた頃に時計の針を戻そう。「ケネットパンズ蒸留所の重要性は、どれだけ評価しても足りることはない。この蒸留所は、スコットランドの産業考古学的遺産として非常に重要である。この蒸留所をこのまま消滅させてしまうなら、それはまさに悲劇としか言いようがない」とチャールズ・マクリーンは述べている。彼は蒸留所が稼働していた頃の様子もはっきりと覚えているようだ！*

　私は、「評価は低いかもしれないが、蒸留の歴史におけるケネットパンズの存在意義は、どれだけ誇張しても大げさではない。これは近代的なスコッチウイスキー産業が形成されていく過程での試練でもあったのだ」と記した。

　ケネットパンズ蒸留所とキルバギー蒸留所の遺構を保護するために設立された団体、ケネットパンズ・トラストのウェブサイトには、ここで紹介したものに加え、さらに多くの情報が掲載されている。このサイトは、遺構の所有者であるブライアン・フリューとその妻が善意で運営しているのだが、無償で、多くの人に正しく評価されない仕事を続けてきたこれまでの時間を思うと、身ぶるいがする。しかも彼らの前には、さらに大きな課題が残されているのだ。

　キンカーディン橋のそばに行けば、遺構を見ることができる。フォース湾の上流部にあり、スターリングやアロアからも近いこの地は、スタイン家とヘイグ家がスコットランド初——実際には世界初の——産業としての蒸留所を設立した場所だ。ウイスキー史における重要性という点からいえば、修道士ジョン・コーと8ボルのモルトで有名なリンドーズ修道院の10倍の価値はあると言えるだろう。

　この施設の復元と建物の補強を行うためには、少なくとも100万ポンドの資金が必要だ。建物の保存状態は驚くほどよいが、迅速な行動を取らなければ、今後20年以内にこれまでの200年で失われたもの以上のダメージを受けるだろう。

　ケネットパンズと姉妹蒸留所であるキルバギーの重要性が非常に高いことは間違いない。知名度は低くとも、その意義は計り知れない。スコットランドにおける蒸留史の一部、実際には産業界全体の遺産であるなら、保存するだけの価値があることは確実だ。これが伝説ではないなら、一体何を伝説と呼べばいいのだろう。

　このように述べてはきたが、彼らが製造したウイスキーがまったく美味しくなかったことは、ほぼ間違いないだろう。大半はイングランドに出荷され、そこで精留してジンにされていたのだ。

　ロバート・バーンズは1788年に記した文章の中で、このタイプのウイスキーについて「最もひどい酒だ。必然的に、最もいやしい人間しか飲まないだろう」と述べている。だからあえて、タイムマシンを作動させることもないだろう。

＊ チャールズよ申し訳ない。ジョークを我慢できなかったのだ。

51 Lost 幻の一本

キングスランサム
King's Ransom

生産者：ウィリアム・ホワイトリー社
蒸留所：なし　ブレンデッド
ビジターセンター：なし
入手方法：オークション

このウイスキーには聞き覚えがないだろう。恐らくボトルを見たこともなく、もしあったとしても、年代もはっきりしないブレンドとして、見向きもせずにはねのけてしまうかもしれない。それでもこの話を読み進めてほしい。あなたがそそっかしい人で、たまたまオークションに姿を現したこのボトルに入札してしまったとしても、50ポンド以上を手放す可能性は低い。比較的手頃な金額で、この面白いボトルが手に入るのだ。このウイスキーは、ウイスキー産業の冒険に満ちた側面と深く関わっている。SSポリティシャン号と共に沈んだウイスキーでもあり、伝え聞くところによればマフィアの金で購入した蒸留所でもあったからだ。

　キングスランサムは、1928年にウィリアム・ホワイトリーによって創り出されたブランドだ。彼はあまり評判がよくなかったが、魅力的なセールスマンであったことは確かで、一度破産もしている。多くの変化に富んだキャリアを積んだあと、ピトロッホリーのエドラダワー蒸留所を買収し、キングスランサムをアメリカ市場におけるプレミアムブレンドに育て上げた。この成功の陰で、彼はマフィアのドンであったフランク・コステロ（「ボスの中のボス」と呼ばれたチャールズ・"ラッキー"・ルチアーノの後継者）から幅広い援助を受けていたという。

　ホワイトリーの魅力でもある「遠慮のない」ビジネス手腕と、悪知恵で世を渡る振る舞いは、今日であればウイスキー業界の権力者層からひんしゅくを買っていたことは間違いないだろう。こうした人物はウイスキーの歴史から存在を消されてしまっているが、彼らは20世紀前半のウイスキー産業の発展に重要な役割を果たしている。商業倫理に果敢に挑んだのは、ホワイトリーだけではなかった。

　1982年にペルノリカール傘下のクラン・キャンベル社がエドラダワー蒸留所を買収するまで、キングスランサムは同社を代表するブレンドだった。しばらくの間、正確には第二次世界大戦前、キングスランサムは世界一高価なウイスキーとして評判を呼び、一流ホテルで提供されていた。当時としては珍しく洗練されたパッケージだったので貴族、著名人、裕福な常連客たちから喜ばれ、非常に多くが飲まれていた。ホワイトリーは自らを「蒸留職人の司祭」と呼んでいたが、彼のスキルはむしろ熟練のセールスマンのそれだった。

　1938年に、彼はブランドの所有権とエドラダワー蒸留所を、フランク・コステロの仲間のアーヴィング・ハイムに売却した。コステロから融資を受けていたのかもしれない。だが結局ハイム一族は国際的な企業に寝返り、この会社からペルノリカールに売却された。闇の世界とのつながりが不都合だったのか、もしくは自社のブランドを優先させるためか、1980年代後半に入るとペルノリカールはキングスランサムの存在を徐々に消していった。こうして、現在の少々きれいすぎる公式なウイスキーの歴史とは明らかな対比を成す、キングスランサムの魅力あふれる章は終わりを告げたのだ。

52

Lost 幻の一本

カークリストン
Kirkliston

生産者：ディスティラーズ・カンパニー社
蒸留所：カークリストン
　　　　エジンバラ近郊
ビジターセンター：なし
入手方法：夢の中のお楽しみ

カークリストンという蒸留所について何かご存知だろうか？　実はあまり多くのことは知られていないのだが、かつてスコットランドでは最も重要な蒸留所のひとつであり、ディスティラーズ・カンパニー・リミテッド（今日のディアジオの前身）を設立した最初の6社のひとつでもあった。

　アルフレッド・バーナードは、英国のすべての蒸留所を網羅した、素晴らしく叙情的な解説書（1887年出版）の中で、この蒸留所のために4ページを割いている。4ページもだ！　それにイラストが2点も入っている。マッカランは7行、ポートエレンは1ページ、ザ・グレンリベットは3ページとイラストが2ページだ。

　当時の年間生産量はマッカランが4万ガロン、ポートエレンが14万ガロン、ザ・グレンリベットが20万ガロンだったのに対して、カークリストンは70万ガロンのモルトとグレーンを生産しており、バーナードによれば「市場でも高い評価を得ていた」そうだ。さらに歴史をさかのぼれば、（ケネットパンズ蒸留所で有名な）スタイン家が特別な許可を受け、ここで実験用の連続式蒸留機を稼働させていた。全盛期のカークリストンは12エーカーの土地を所有し、6人の徴税官とひとりの監督官が必要だった。蒸留所には6基のポットスチル*1と1セットのコフィースチルがあった。これは毎時3500ガロンの発酵モロミを蒸留することができ、排出された副産物と蒸留廃液は400頭から500頭の血統書つきの豚のエサとして使われた。

　1795年に設立されたこの巨大な蒸留所は、火災に遭った数年後の1920年に突如として閉鎖された。それ以降再び蒸留所として甦ることはなく、今日では敷地の大半は更地となっている。

　だが、ボトルが何本か現存しているという噂がある――貴重な芸術品として個人がコレクションしているというのだ。ただし実際に姿を現すことはないだろうし（もし現れたら、非常に慎重な検査が行われるだろう）、オークションに出品される見込みもない。再びカークリストンのウイスキーを味わうことは誰にもできないのだ。

　「我が名はオジマンディアス、王の中の王／私の偉業を見よ、全能の神よ、そして絶望せよ！／他には何も残っていない。朽ち果てた／巨大な残骸の周囲は、どこまでも荒廃し／何もない砂漠が遥かなたまで広がっている」*2

　パーシー・ビッシュ・シェリーの「オジマンディアス」は、現世の栄光の本質を瞑想した詩だ。立派なオジマンディアスの像も今では「胴体のない巨大な石の足が2本」と「砕けた頭部」が残るのみ。かつては野放図に手を広げた巨大企業も、今日では何本かの不確かなボトルと、再開発前の土地の写真しか残っていない。悲しいが、話は以上だ。ウイスキー業界のオジマンディアスの話は、これで終わりにしよう。

---

*1 面白いことに、6基全部が1基の冷却装置、最も旧式なパターンのワームタブにつながっていた。
*2 『オジマンディアス』パーシー・ビッシュ・シェリー著、1818年出版から引用。

53

Lost 幻の一本

レディバーン
Ladyburn

生産者：ウィリアム・グラント＆サンズ社
蒸留所：レディバーン　ガーヴァン
　　　　エアシャー
ビジターセンター：なし
入手方法：非常に希少

謎めいた、それでいて独立心旺盛なウィリアム・グラント＆サンズ社（グレンフィディックやバルヴェニーを所有している。思い出せただろうか）は、エアシャーのガーヴァン近郊の静かな田園地帯に、立派なシングルモルト蒸留所を隠し持っている。

　それはアイルサベイと呼ばれ、クライド湾の沖に見える火山岩でできた島、アイルサクレイグ島から名付けられた。今のところ、この蒸留所からシングルモルトが販売されたことはない。すべてウィリアム・グラント＆サンズ社のブレンデッドウイスキーに使われるからだ。それでも希望は持っておこう。

　ここでシングルモルトウイスキーが造られるのは初めてではない。元々ガーヴァン蒸留所は、ブレンド用のグレーン原酒を安定供給するために、1963年に建設された。ウィリアム・グラント＆サンズ社とディスティラーズ・カンパニー・リミテッド（DCL）の間でウイスキーの宣伝方法について意見が対立し、DCLはウィリアム・グラント＆サンズへのグレーンウイスキーの供給を制限すると宣言した。グラント社の発展を妨害する手に出たのだ。可能な限り原酒を自社で賄うため、1966年に2組のポットスチルを備えた小さなシングルモルト蒸留所も、この地に建設した。

　このシングルモルトはレディバーンの名で知られている。そう、ここで紹介しているウイスキーだ。別の独立した蒸留所ではなく、巨大なガーヴァン蒸留所の施設の一部に含まれていた。しかし1975年までしか操業せず、その翌年には撤去されてしまった。その後、蒸留器はヴァージンブランドのウォッカ製造用に使われたと話す者もいるが、その事実は確認できていない。私はウォッカには興味がないので、大した問題ではない。

　操業期間の短さから、レディバーンは近年では最も短命の蒸留所として確かな名声（もしくは悪名と言うべきか）を得ている。そして意図せず、伝説のウイスキーという立場を手に入れたのだ。

　独立瓶詰業者のボトルが突如出てくることがあるが、大抵の場合は「エアシャー」というラベルが貼られている。また数は極めて限られるが、オフィシャルボトルもいくつかある。数個の樽がまだ残っているという噂もあり、会社はどうにかして高い価格で販売しようと機会をうかがっているのだろう。失われた蒸留所の名声を最大限利用するつもりなのだ。

　私も一度テイスティングしたことがあるが、とりわけフルーティで、いくつかのスパイスが感じられた。だがそれは遠い昔の話だ……それに、もしボトルが手に入ったとしても、どうせ開封できないだろう。ガーヴァン蒸留所とその背後にいた男の魅力的な物語は、この本の前のページで読むことができる。

54

Living 現存

ラガヴーリン
Lagavulin
ディスティラーズ・エディション
Distiller's Edition

生産者：ディアジオ
蒸留所：ラガヴーリン　アイラ島
ビジターセンター：あり
入手方法：広く流通

1930年にはすでにイーニアス・マクドナルドが、著書『Whisky*1』（ウイスキー）の中で、ラガヴーリン蒸留所について「伝説的な名声を得ている」と述べている。彼はこう続ける。「先日私はある男に出会った。彼が新兵だった頃、毎晩ふたりのハイランダーと話に夢中になり、何時間も夜更かししたそうだ。男たちとの唯一の共通点が、ラガヴーリンへの愛情だったという」

　そんなファンですら、ラガヴーリンが強烈なウイスキーであることは認めるだろう。アイラ島の他の蒸留所と比べてもその力強さ、味わいの濃さは圧倒的だ。

　1970年代（またはもっと早い時期）には、このウイスキーはラベルに1742年創業と謳っていた。この数字は正確に覚えている。なぜならJ・A・デベニッシュ社のブルワリーが設立されたのと同じ年だったからだ。

　私は飲料業界で様々なキャリアを積んできているが、初期にはウェイマスにある同社の事務所で働いていたのだ。スコットランド訛りの英語をしゃべる青年だった私に、ある時ワイン・スピリッツ部門から連絡が入り、パブからラガヴーリンのボトルが返品されたので味を見てくれないかと呼び出された。

　「悪くなっていた」というのが返品理由だったので、私は「元からこのような味なんだ」と彼らに断言した。世情に通じていたワイン部門のディレクターは、自分の前に立つ非常識な青年*2を眼鏡越しにいぶかしげに見やってから、ゆっくりと従業員たちに向き直り、粛々と述べた。「人間が口にするものに、こんな味があっていいはずがない。お客様には代金を払い戻すように」。これが彼の裁定だった。

　ところで、どのラガヴーリンを選ぼう？　今でも手に入る古いボトル、特にホワイトホースのマークが入ったものが好きな人もいれば、年1回発売されるディアジオのスペシャルリリースが好みの人もいるだろう。オランダなどの市場向けに1970年代後半から販売されている12年物がいいという人もいるかもしれない。

　だがここまでくると、私たちの好みは少々偏り過ぎ──言ってしまえばオタクの領域だ。入手しやすいこと、そしてラガヴーリンの新しい一面を見せてくれたという理由から、最初のディスティラーズ・エディションを推薦させてもらう。

　1979年に蒸留され1997年に瓶詰めされたこの商品は、ペドロヒメネス樽でフィニッシュすることで、より濃厚で甘い仕上がりになっている。その後、他のシェリー樽仕上げのものもリリースされた。現在では価格が上がっているかもしれない（実際にそうだ）が、それでも1リットル瓶を手に入れることは可能だ。それで眠れなくなっても、私を非難しないでほしい。

---

*1 彼のディオニュソス・ブロミオス・ブレンドの項を参照してもらいたい。
*2 私のことだ。

55 Luxurious 高級品

ラージメノック
Largiemeanoch

生産者：ハウゲート・ワイン店
蒸留所：ボウモア　アイラ島
ビジターセンター：あり
入手方法：オークション

ちょっと単純化しすぎかもしれないが、恐らくウイスキーの世界は、ラージメノックの名を聞いたことがある人とそうでない人に分かれるだろう。さらにわずかだが、ラージメノックを実際に味わったことがある人たちも存在する。

　このボトルはほとんどの人に知られていない。それゆえ魅力的な1本だ。実はこれは、単なるボウモアの別名である。ラージメノックとは1970年代末に、エジンバラのカンバーランドストリートにあるハウゲート・ワイン店のためにごくわずかに生産された、プライベートボトルの名前だ。後に同じ名前がザ・ウイスキー・コニサーズ社が瓶詰めしたウイスキーにも用いられた。ラナークシャーのビガーにあるこの会社は、コレクター向けにテーマに沿ったミニチュアボトルのシリーズを販売していた。こちらも価値が高いが、今日のハウゲート店の高い評価には及ばない。

　私が確認できた限りでは、製品は2種類しかない。ここでお見せする12年と、もうひとつは10年だ。何となくだが、最初に販売されたのは後者のような気がする。たった1樽分のボトリングなので、三つの樽をヴァッティングした12年よりも本数は少ない——最初の製品が非常によく売れたため、ハウゲート・ワイン店はさらに多くの量が必要になったのではないかというのが私の仮説だ。12年はシンプルなフラスコ型ボトルにカスクストレングス（54.2％）で詰められ、手書きの簡素なラベルが貼られている。時折ボトルがオークションに出品されるが、手に入れるためには数千ポンド単位の出費は見込んでおいたほうがいいだろう。

　この時期に生産されたボウモアは大変な人気を博している。イタリアのサマローリ（このウイスキーについてはゆっくりと話したいので別項を参照）が瓶詰めしたものと同様、これらはボウモアがまだ個人経営で、豊かな創造力を誇示していた時代の製品だと言えるだろう。

　繰り返しになるが、サマローリのボウモアと同様に、こちらのウイスキーもモルトマニアックスのウェブサイト上で非常に高い評価を得ている（まだ見ていないなら、ぜひ見ておくべきだ。ただしあまりにも美味しそうなウイスキーの写真が並んでいるので、時間が十分ある時にしよう）。テイスティングノートは叙情的で、称賛の言葉が惜しみなく綴られている。ただここで、興味深い疑問が浮かんでくる。ボトルでの瓶熟は、ウイスキーの最終的な品質にどれほどの影響を与えるかということだ。一旦ボトルに詰められたウイスキーは変化しないと言われている（ただし封を切らないと仮定しての話だ）。だが私はほぼ確実に変化しているように感じる。もちろんアルコール度数が強いため、その速度は非常にゆっくりだろう。ただ、古いボトルの香りが進化を遂げていたとしても、それを比較して確かめるためのサンプルがないという別の問題が浮かび上がってくる。

　先に述べたように、味わったことがある人とそうでない人に分かれる。その素晴らしさをぜひともお伝えしたいのだが、それには話をでっち上げないといけない。伝説的なクオリティだと聞いたことがあるので、少なくともどんなウイスキーかは分かる。

56

Lost 幻の一本

ロッホドゥー
Loch Dhu

生産者：ディアジオ
蒸留所：マノックモア　エルギン　マレイ州
ビジターセンター：なし
入手方法：オークションもしくは専門店から

マノックモアはディアジオが運営する、非常に目立たないスペイサイドの蒸留所だ。製造されたウイスキーのほぼすべては、ブレンド用に使われる。

　だが1996年から1997年までの間、この蒸留所では短期的な試みとして、世界に向けてロッホドゥー（ゲール語で「黒い湖」という意味）を販売していた。ボトルの中身に疑問を持たれた場合に備えて言っておくが、ラベルには「ブラックウイスキー」と書かれている。

　多くの批判（割と多い）によれば、このウイスキーは「史上最悪のウイスキー」の誉れ高いそうだが、これが公平な評価かどうかはかなり疑問だ。これらは完全に主観的な判断であり、ロッホドゥーには熱狂的な愛好者もいる。さらに、私はクラフト蒸留所のニューウェーブが出している、本当に不味い「ウイスキー」をいくつかテイスティングしたことがあるが、これらは流しを磨くのもためらってしまうような代物だった。ロッホドゥーはそこまでひどくない。今は寛大な気分なので、それらのニューウェーブの名前は挙げないでおく。それに、特にひどかったウイスキーも、今では格段に進歩している。

　それにしても、このウイスキーはものすごく黒い。蒸留所によれば、これは「ダブルチャード」（内面を2回焦がす）樽を利用しているからとのことだが、スピリッツ用のカラメル色素を大量に加えれば同様の効果が得られそうだ。カラメル添加は一部のブレンデッドウイスキー（加えていくつかのシングルモルト）では、色を統一するために日常的に行われている。法律にはまったく違反していないが、多くのウイスキー愛好者を嘆き悲しませている。

　ロッホドゥーには多くの批判が寄せられたため、商品はあっという間に回収されてしまった（公式には、ディアジオの設立に伴う合理化のためという理由だった）。価格はわずか10ポンドだったが、それでも非難を浴びたのだ。繰り返しになるが、改めて思い返してみると少し辛辣すぎたと思う。私たちはウイスキー産業の革新性のなさを批判することはできないし、反対に彼らが新しい試みに挑戦した時にその製品をゴミのようにけなす資格もない。この点については私たちも成長しなければいけない。すべての実験がうまくいくとは限らないということを、受け入れる必要があるだろう。

　皮肉なことに、悪名高さゆえにロッホドゥーは今ではコレクターズアイテムとなり、ボトルの価格は200ポンドにまでつり上がっている。ギフトボックスに入った1リットルボトルはそれ以上の値がついているのだ。わずかに残ったボトルを販売するためだけに専門のウェブサイトがつくられ、クドゥー（ゲール語で「黒い犬」という意味）という名のトリビュートウイスキー（そんなものがあるのだろうか）も誕生している。

57

Living 現存

ロングモーン
Longmorn

生産者：シーバスブラザーズ社
蒸留所：ロングモーン
　　　　エルギン　マレイ州
ビジターセンター：なし
入手方法：限定品

ロングモーンは1893年、一大ウイスキーブームの真っただ中に創業した。ちょうどパティソンズ商会の大規模倒産が起きる直前、富が生まれては消えていった時代で、今日世界中で愛されている蒸留所の多くがこの頃に設立された*。ロングモーンはブレンド用ウイスキーとして、長らく高い評価を得ている。つまり需要は大きいが、その匿名性が保たれてきた蒸留所でもある。

　そのスピリッツの多くが、シーバスリーガルやロイヤルサルートといった優れたブレンデッドウイスキーに用いられており、シングルモルトとしてお目にかかれる機会はほとんどない。数年前まではとても素晴らしい15年物が入手できたのだが、こちらは2007年に生産を終了し、よりお洒落に飾り付けられた16年物に取って代わられた。ただし、すべての人が喜んだわけではなかった。

　私は当時、素晴らしいニュースだと思った。シーバスブラザーズが（ついに）ロングモーンのシングルモルトに真剣に取り組もうとしているように見えたからだ。もっと古い年代のボトルも出るかもしれないと期待に胸を躍らせ（かつて蒸留所は100周年記念に25年物を発売したことがあったが、スタッフと来賓用だった）、果てはビジターセンターのオープンなども夢見たのだが、いずれも実現しなかった。

　さらに、マーケティング的な不可抗力も加わった。近頃のウイスキーブームでますます多くの高級ブレンデッドが求められるようになり、ロングモーンのシングルモルトの話はすっかり忘れ去られてしまった。だがうれしい話題もある。ロングモーンは最近規模を拡大したばかりなので、将来的にはなんらかのいいニュースが期待できるかもしれない。

　ウイスキー自体は間違いなく素晴らしい。複雑で、重厚さと微妙な滑らかさが見事なバランスを保っており、これに豊かな香りと長いフィニッシュが加わる。ブレンダーの間では伝説の地位を得ている——そして皆さんにもこれで知られることになった。

　これは真の傑作だ。それにもかかわらず過小評価されており、悲しいことに私たちが期待するほど広くは流通していない。ブレンド用のウイスキーとして引っぱりだこなので、瓶詰業者からもボトルが出ることは少ない。

　これがすべてを物語っている。

　「一流のハイランドモルトだ」こんな意見を述べるブレンダーもいることだろう（P・G・ウッドハウスの小説に登場するキャラクターが話しそうな古めかしい言葉だ）。素晴らしい、とびきり上等なウイスキーだということはお分かりいただけただろう。

＊ウイスキー産業ははるかに古い歴史を持つのに、どうしてこれほど多くの蒸留所がこぞって19世紀末に創業されたのだろうと、当然疑問に思うだろう。それはウイスキー業界にとってもつらい質問なので、できればあまり問い詰めず、そっとしておいてあげてほしい。お心遣いに感謝する。

58

Lost 幻の一本

マッキンレー
Mackinlay's
レア・オールド・ハイランド・モルト
Rare Old Highland Malt

生産者：チャールズ・マッキンレー商会
蒸留所：ブレンディング記録が紛失したため誰にも分からない
ビジターセンター：ニュージーランドのカンタベリー博物館もしくは南極大陸ロス島のロイズ岬（特別許可とウールのセーターが必要）
入手方法：埋もれた氷の中から

1907年、イギリスの探検家であるアーネスト・シャクルトンが英国南極探検隊を率いて、エンデュランス号でロンドンを出発した。ベースキャンプはロス島のロイズ岬に設けられた。今日この地は南極特別保護区の一部として、探検隊が去った時のままの状態できちんと保存されている。南極大陸における、初期の人的活動が行われた重要地域のひとつとして、その痕跡を保護するためのプランに沿って管理されている。

　ここまでは何の問題もない。面白いのは、この男たちは寒さ対策として、保温性のある下着に頼らなかったことだ。そのかわりに彼らはスコットランドのインバネスにあったグレンモール蒸留所に連絡を入れ、マッキンレーのレア・オールド・ハイランド・モルトを46ケース注文した。向かう途中で男たちがどれくらいの量を飲んだのかは分からないが、南極大陸に着くと、安全に保管するために小屋の床下にウイスキーの木箱を運びこんだ。ついでに言えば、すべての荷物を人力で（ただし何匹かの犬は手助けしていただろう）運ばなければならなかったという事実を考えてみれば、彼らが夕食に飲むドラムを相当重要視していたことは明らかだ。

　話は102年後まで飛ぶ。ニュージーランドのカンタベリー博物館から来た調査チームが、氷の中からひとつの箱を取り出すことに成功した。恐らく作業は非常に慎重に行われたことだろう。そしてこの箱は博物館に持ち帰られ、解凍作業が行われた。特設の冷蔵室が作られ、ウイスキーがゆっくりと温められると、ラベルに「マッキンレー　レア・オールド・ハイランド・モルトウイスキー」と書かれた、完全な状態のボトルがいくつか取り出されたのだ。

　114年の時を経たウイスキーは11本回収され、驚くべきことにうち10本は完全な状態で姿を現した。ラベルは傷んでしまっていたが、数本のボトルからは「1907年英国南極探検隊　エンデュランス号」と書いてあるのがまだ見て取れた。

　ホワイト＆マッカイ社でマスターブレンダーを務めるリチャード・パターソンが、このウイスキーのサンプルを取り出すようカンタベリー博物館を説得し、その後彼の技術で複製が行われた。現在このウイスキーは「マッキンレー・シャクルトン・ザ・ジャーニー」の名称で販売されており、ひいひいおじいちゃんが飲んでいたであろうウイスキーに近い味を楽しむことができる。両方を味わったことがあるごく少数の幸運な人物は「レプリカは驚くほどオリジナルに似ていた」と話している。

　レプリカが1本99ポンド前後で買えるのは幸いだ。なぜなら博物館は、11本のボトルを一滴も飲まずに、元の凍りついた墓場に戻す計画を立てているそうだ。なんともったいないことをするのだろう！

　ちなみに本物のボトルは冷たすぎて、私の好みには合わない。

# 59 Lost 幻の一本

モルトミル
Malt Mill

生産者：マッキー社
蒸留所：モルトミル　現在はアイラ島
　　　　ラガヴーリン蒸留所に「吸収」
ビジターセンター：あり
　　　　ラガヴーリン蒸留所内
入手方法：ラガヴーリン蒸留所の
　　　　　ビジターセンターに展示

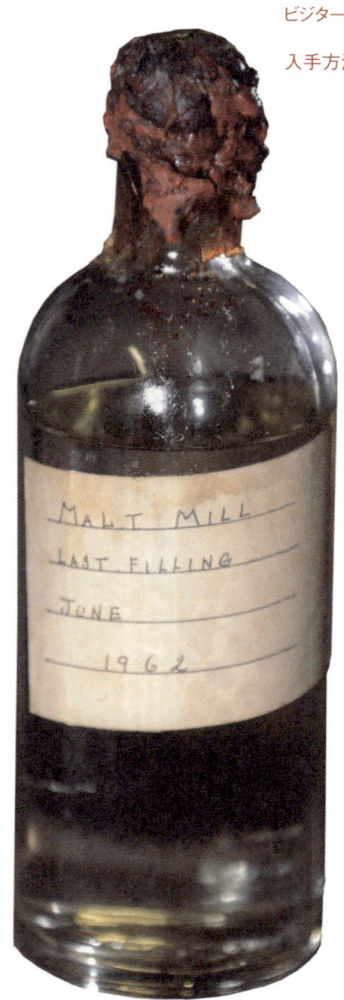

詩人バイロンは「狂気と悪と危険に満ちた男」と呼ばれている。一方「休み知らずの男」ピーター・マッキーは、才能溢れるサー・ロバート・ブルース・ロックハート[*1]による「3分の1は天才、3分の1は誇大妄想狂、残りの3分の1は変わり者」という説明がよく知られている。──マッキーは怒らせてはいけない男だった。

彼はラフロイグの独占販売権を所有していたが、1907年にこの権利を取り上げられてしまった。その理由は今でもはっきりしていない。その後の法廷闘争に敗れたことを受け、彼は似たようなスタイルのウイスキーを生産する自前の蒸留所を建設することを決意し、翌年にはモルトミル蒸留所を完成させた。

この小さな蒸留所はラガヴーリンの敷地内にあった。ラフロイグのライバルとなるようなウイスキーを造るべく、マッキーはラフロイグからスタッフまで雇い入れたが、この思いは実現しなかった。モルトミルの原酒は彼の有名なホワイトホースに使われることになった。だが今日のモルトミルの名声は、映像によるところが大きい。初めは『Whisky Island』（ウイスキーの島、1963年放送、スコットランド・オン・スクリーンのウェブサイトで一部を見ることができる）というタイトルの、スコティッシュ・テレビジョンが製作したアイラ島についての魅力的（内容も正確）なドキュメンタリーだった。2回目はもっと最近で、ケン・ローチ監督作の映画『天使の分け前』だ。主人公がモルトミルの大変貴重な「失われた樽」から、ウイスキーを盗み出そうとする物語だ。

皮肉なことに、最初の作品の中で本物のモルトミルの樽がテレビ画面に登場したのと時を同じくして、この蒸留所は閉鎖されてしまった。その後はラガヴーリン蒸留所に吸収され、レセプションセンターとなった。左の写真は、1962年6月に生産された最後の貴重なサンプルボトルである。今日このボトルはウイスキーの聖遺物として崇拝されており、手袋をしなければ触れることができない。封蝋と雑な手書きラベルから、当時これを見て感動する人はいなかった。

悲しいことに、『天使の分け前』に登場するモルトミルの失われた樽は存在しない。もしあれば、映画の中で提示されたような信じられない価格がつくことは間違いないだろう。モルトミルのニューメイクが入ったこの小さなボトルは、伝説のウイスキーの証として、また衝動に突き動かされたエキセントリックな男の生きた証として残されている。私は『天使の分け前』にはまったく興味が持てなかった[*2]。グラスゴーとスコットランドをステレオタイプな見方で描いた、退屈でシニカルで陰鬱な映画だと思っている。だがこの映画によって、より多くの人が伝説のウイスキーに関心を寄せてくれるようになった。それに、キルトに関するギャグはとても面白かった。しかしラフロイグとは似ても似つかない味だったのだろう。天使たちもたぶん、そうささやいている。

[*1] ジャーナリスト、作家、秘密諜報員、イギリス外交官、フットボール選手。ウイスキーに関する著作もある、ちょっと目立ちたがり屋な人物だ。
[*2] もちろんチャールズ・マクリーンの部分は別だ。彼の登場は非常に説得力があり、印象に残るものだ。

60

Legend 伝説

マービン・"ポップコーン"・サットン
Marvin "Popcorn" Sutton

生産者：ポップコーンサットン・
　　　　ディスティリング社
蒸留所：ポップコーン　ナッシュビル
　　　　テネシー州　アメリカ合衆国
ビジターセンター：なし
入手方法：アメリカ国内限定

マービン・"ポップコーン"・サットンは、本人が主張していたような、最後のムーンシャイナーではなかったかもしれない。だが、テネシーの田舎にいた伝説的な密造者たちの姿を、もっとも体現していた人物であったことは確かだ。彼はいかにもそれらしい服装をし、イメージ通りのワイルドなヒゲを生やし、山奥まで彼を追いかけてきたテレビカメラに向かって、嬉々として大げさな演技をしてみせていた。

　スコットランド系アイルランド人をルーツに持つマービン・サットンは、1946年に代々続く密造一家に生まれた。彼は法律を大胆に犯していたわりに、注目を集めるのが好きだった（密造酒に関する書籍の執筆、ビデオ販売、ドキュメンタリーや映画への出演などだ）。当然ながら法律が勝ち、2008年に彼は連邦捜査官にウイスキーの販売を持ちかけた罪で懲役18ヵ月の判決を受けた。

　しかしポップコーンは懲役刑から逃れるため、愛するフォード・フェアレーン*¹の車内で自殺するという最期を迎えた。彼を本書に掲載したのは、天性のマーケティングスキルによって彼自身が伝説的存在となったからだけでなく、密造家たちと今日のマイクロディスティラーの隔たりを埋める役割を果たしたからでもある。

　アメリカという国では、彼のような伝説は自然と儲けを生む。彼の家族が様々な権利について争う一方で、弟子のジェイミー・グロッサーはポップコーンの密造酒のレシピと、その技法を教わっていた。現在では、ポップコーン・サットンのテネシーホワイトウイスキー*²を造る合法的な蒸留所が開設され、カントリーシンガーのハンク・ウィリアムズ・ジュニアが共同オーナーを務めている（カントリーシンガーがきっと不可欠だったのだ。こうなるとむしろ、NASCAR（全米自動車競争協会）のドライバーがいないことも驚きだ。しばらく待ってみよう）。

　ところが本格的な販売に乗り出そうとしていた矢先、ボトルの形とラベルが混乱を招く類似品にあたるとして、ジャックダニエル（強大なブラウンフォーマンの一員である）に訴訟を起こされたのだ。当然ながらジャックダニエル側もホワイトウイスキーブームを利用して、熟成していない（ライ）スピリッツの販売を行っている。言うまでもないが、リンチバーグの巨大な蒸留所と、ナッシュビルの小さなポップコーン蒸留所を混同するはずがない。

　この一連の話を聞いてスコットランド人はせせら笑うかもしれないが、思い出してほしい。ザ・グレンリベットのジョージ・スミスも、あらゆる尊敬を受けるようになる前は違法な蒸留家だったし、名声を得た後も銃弾の入ったピストルを護身用に携帯して業務にあたっていたのだ。わずか200年くらい前のことだ。

　それにしても、こんなウイスキーは死んでも飲もうとは思わない。私は熟成したウイスキーの忠実な支持者だからだ。

---

*1 3本の密造酒との交換で手に入れたので、この車は"Three jug car"（3本分の車）と呼ばれていた。
*2 言い換えるなら密造酒、もしくはニューポットだ。「ホワイトウイスキー」とは、マーケティングを担当する連中が、免許を受けた蒸留所の製品を合法的に販売するために思いついた、上品な新しい名前だ。

61 Legend 伝説
マイケル・ジャクソンブレンド
Michael Jackson Blend

生産者：ベリー・ブラザーズ＆ラッド社
蒸留所：なし　ブレンデッド
ビジターセンター：なし
入手方法：限定品

この項をマイケル・ジャクソン（1942年3月27日生—2007年8月30日没）の思い出に捧ぐ。
　私が初めてマイケルと会ったのは1984年2月、場所はチェコスロバキアだった。マイケルを知る私たちは、彼の不在にまだ慣れず、落ち着かない気がする。彼の死はもちろんショックだったが、驚きはしなかった。彼はパーキンソン病を患い、数年前から体調がすぐれない状態が続いていたからだ。
　有名な歌手と同じ名前であることは、何の助けにもならなかった。チンパンジーのバブルス君の飼い主が、ウイスキー評論の第一人者なのかと勘違いするウイスキー初心者たちに、その妙な誤解を解かなければいけない状況に何度も出くわした。
　彼はビールやウイスキーに関する記事を初めて書いた人物ではない。最高の名文家でないこともほぼ間違いないだろう。彼はライターと言うよりはジャーナリスト（世間に評価されてはいないが、私が思うに、きわめて重要な職業だ）に近かったが、最も影響力を持った人物だったことは誰の目にも明らかだ。彼は人々の記憶に残り続けるだろう。
　今日ウイスキーに関するコメントを書いているライターやジャーナリスト、ブロガーの多くは、気づけばみんな彼の名声の陰で生きている。新世代のウイスキー愛好家たちは気づいていないようだが、人気を呼ぶ皮肉なコメントも、もともとは彼が生み出したものであり、彼らが色々言えるのもマイケルのおかげなのだ。
　またマイケルは、自分の名声を商売にすることも決してなかった。実際に金銭面に関して（特にユダヤ人の伝統を受け継いだヨークシャーの男にしては）、まったく無頓着だった。彼にとって重要だったのは、自分の好きな酒やウイスキー業界についてコメントし、それを共有することだった。特にシェリースタイルのマッカランのファンで、アイラ島のウイスキーが低迷していた時期には熱心に擁護し、スプリングバンク蒸留所の優れた品質を早くから評価していた。
　彼の死を受けて、『ウイスキーマガジン』誌は膨大な数に及ぶ彼のサンプルコレクションを集約し、ベリー・ブラザーズ＆ラッド社のダグ・マクアイヴァーの助けを借り、開いているボトルのヴァッティングを行い、本項で紹介しているマイケル・ジャクソンブレンドのベースを作り出した。合計1000本のボトルが作られ、パーキンソン病学会への基金集めのために販売された。
　故人への敬意を表した、素晴らしい行いである。もし彼の偉業を知らないのなら、ぜひこのボトルを手に入れてほしい。そしてゆったりと、彼の本と一緒に味わってみてほしい——できれば、彼の名をブランド品のように悪用した後追いの本ではなく、彼自身が書いたものを読んでほしい——そして、ウイスキー界のレジェンドに乾杯しよう。マイケルもこのボトルをきっと欲しがったに違いない。

62

Living 現存

ミクターズ
Michter's
ジョージ・ワシントンが自軍の兵士に贈ったウイスキー
The whiskey George Washington gave his Army

生産者：チャタムインポーツ社
蒸留所：ケンタッキー・バーボン・
　　　　ディスティラーズ　バーズタウン
　　　　ケンタッキー州　アメリカ合衆国
ビジターセンター：なし
入手方法：主にアメリカ国内

ミクターズという名前はあまり聞いたことがないだろう。アメリカ以外の国であればなおさらだ。だが、このウイスキーはまさに歴史の一片だ。もともとこの蒸留所で造られていたウイスキーはとても評価が高く、アメリカの独立戦争の際には、ジョージ・ワシントン総司令官が自軍の兵士たちのために購入したほどだった。彼らはヴァレーフォージでの（1777年から78年までの）長く厳しい冬を、悲しいほどお粗末な丸太小屋の中で耐え、そして死んでいったのだ。

　あまりに厳しい環境だったため、寒さと栄養失調で少なくとも2500人の兵士が亡くなった。ワシントンは「何か劇的な変化が起きて状況が改善しないかぎり……この軍隊は間違いなく飢えて、日々の糧を得るために散り散りになってしまうだろう」と記している。

　俗に言うように、ミクターズは「アメリカを独立させたウイスキー」だ。もちろんワシントンに関しては、マウントヴァーノンに自分で蒸留所を構えたという功績も無視できない。アメリカのウイスキー史における彼の貢献を過小評価すべきではないので、マウントヴァーノンは単独で本書に掲載している。

　だがミクターズは、ワシントンがその存在を知るより前から蒸留を行っていた。1753年に、スイス・メノナイト（プロテスタントの流れを汲むキリスト教の一派）の農夫であったジョン・シェンクとマイケル・シェンクがこの地でライ麦の蒸留を開始し、閉鎖されるまでアメリカ最古の蒸留所だった。のちにボンバーガーという名前で知られるようになり、最終的にミクターズという名前に変わった。

　残念なことに、蒸留所はもう操業していない。ミクターズの名は長い歴史を持ち、大いに尊敬を集めていたが、アメリカンウイスキーの浮き沈みにはあらがえず、波乱の末に1989年に蒸留所は閉鎖された。当然ながら国の歴史的建造物に指定されているが、操業時と同じ状態にあるとは言い難い。建物の状態は概してよくなく、劣化が進み、「目障り」とさえ言われるほどだ。

　2011年6月、新たなオーナーがこの敷地を取得した。彼らは「施設をきれいにし、安全な状態にすることが最優先事項だ」とし、施設をウェアハウスと穀物の倉庫として利用する計画を立てた。だがこの場所は、クラフト蒸留所にはもってこいの場所だ。彼らが遺産から十分な刺激を受け、敷地の隅の一角くらいは新しいスチルに明け渡してくれることを期待しよう。

　一方、現在のブランドオーナーのもとで、ミクターズのウイスキーは少量ながらも生産されている。ラインナップにはシングルバレルライ、ベリースモールバッチバーボン、シングルバレルバーボン、アンブレンデッド・アメリカンウイスキーなどがある。

　掲載した写真は、ミクターズのセレブレーション・サワーマッシュだ。年代物の樽から瓶詰めした限定品で、本数は300本にも満たなかったが、数時間で完売した。私は手に入れられたかって？　あなたはどう思いますか？

63 Living 現存

モートラック
Mortlach

生産者：ディアジオ
蒸留所：モートラック　ダフタウン　マレイ州
ビジターセンター：なし
入手方法：広く流通（するようになった）

モートラックは、長年ディアジオが独り占めしてきた蒸留所のひとつだ。だがモルトファンの間では、非常に素晴らしい評価を受けている。

　「モートラックをくれ。これは私たちにとっての心の糧である」と通な人たちは叫ぶだろう。しかし非情なディアジオはこの言葉に折れることなく（折れることができず）哀れな懇願をはねのけた。ほんのわずかな例外を除いて、モートラックのウイスキーはすべてアレクサンダー・ウォーカーの秘密のレシピを受け継ぐ、謎めいたブレンダーたちにひとり占めされてきたのだ。高くそびえ立つ砦で、小さな台帳の上にかがみこんでいた彼らは、その素晴らしさに気づき、自分たちが独占すべきだと決めたのだ。だが今、この小さな本が棚の中で花を咲かせる頃、ディアジオの要塞からこんなニュースが届いた。正義を祈る人々の願いが聞き入れられ、ディアジオは4種類（素晴らしい数字だ）の「新しい」モートラックを出すという。もちろん価格は著しく値上がりしているが。

　ビザンチン建築のような複雑さで一切の説明を拒み、また神の平和のようにすべての理解を超越した蒸留方法によって、モートラックはスコッチウイスキー中で、並ぶものがない唯一無二な味わいを生み出してきた。（一般的に言われている）「肉のような（ミーティ）」という表現では足りないくらいだ。

　長年にわたって、モートラックはディアジオの「Flora & Fauna（花と動物）」シリーズのみでしかお目にかかれなかった。シェリー香たっぷりのパワフルな16年物は、「スペイサイドの野獣」と呼ばれるだけのことはあるウイスキーだ。（これ以外にもいくつかのボトラーズ物があるかもしれないが、大半は秘密裏に出しているいかがわしい連中なので、めったに見ることはない）。

　現在、蒸留所は劇的かつ単純な動きを見せており[*1]、古い熟成庫が立ち並んでいた場所に新たな蒸留棟を建てるという単刀直入な方法で拡大を図っている。伝統の2.81回蒸留も、昔ながらのワームタブもそっくりそのままコピーすることで、「味わいと飲む喜びを試行錯誤し続ける、スコットランド唯一の実験室[*2]」という存在意義を保ったまま、生産量を2倍に増やすと期待されている。

　新しいスチルから流れ出したスピリッツがオリジナルと同じであるかどうかを確かめるには、あと数年はかかる。その間、前述の「新しい」モートラック（こちらは間違いなく昔のままのモートラックだ）を楽しんでおこう。私たちの世代では沈黙もひとつの美徳なので、熟成年表記のない二つは置いておくが、それ以外に、新しいモートラックには18年と25年が登場する。

　だがもしかすると、彼らはダイエット中だったのかもしれない。新しいモートラックには、かつてのような「ミーティさ」があまり感じられなかった。ボリューム感のあるロースト肉というよりも、コンビーフといったほうが正しい。

[*1] 簡単に言えば、多くの金も必要になったということだ。
[*2] 普段は厳格なディアジオが、これほどの大げさな表現を用いていたので、驚きのあまりここに一字一句転載した。装飾過剰な文体の見本としては、もってこいではないだろうか？

64

Living 現存

マックルフラッガ
Muckle Flugga

生産者：キャットファース社
　　　　（実は同社ではウイスキーの
　　　　　製造は行っていない）
蒸留所：なし　ブレンデッドモルト
ビジターセンター：なし
入手方法：専門店から

この項は不謹慎なくらい楽しくなるかと思われたが——幻影、神話の中の出来事、ぼんやりとしたつかの間の蜃気楼、興奮しすぎた想像力の産物——そう思っていたこのウイスキーが、実際に存在していたことが分かったのだ。
　きちんと説明しておいたほうがいいだろう。約10年前にある計画があった——私に言わせれば、中途半端で準備も不十分な最悪の状態で実行された計画だ——それはキャロライン・ホイットフィールドという人物とブラックウッド・ディスティラーズと呼ばれる会社が推進していた、シェットランド諸島に蒸留所を建設する計画だった。他の多くのウイスキーライターと同様に、私もこの計画に批判的であった。
　アイデア自体は悪くはない。だが過剰で大げさな宣伝が大々的に行われたあげく、実はウォッカやジンの販売に大きく依存した計画だということが分かると、ウイスキー産業に関わる大部分の人間、それもアンスト島からウズベキスタンにいたる多くの者が失望感を得た。ホイットフィールド女史は起業家というより、優秀な宣伝ウーマンであることが分かり、（完璧な味わいの）ジンもシェットランド諸島ではなく（一見そう思える）、エアドリー周辺の田園地帯で蒸留されていることが分かると、明らかに皮肉な言葉が並ぶようになった。地元紙の『シェットランド・タイムズ』による徹底取材で、さらに多くの疑惑が明るみになり、加えて資金調達もままならなかったことから、やがて計画は失敗に終わった。
　マックルフラッガはシェットランド諸島で「冬を越した」ブレンデットモルトだったとされる——スコッチウイスキー業界ではこれまでにない熟成の方法だ。約2000本のボトルがアンスト島の沖合の島に到着したとされるが、その後神隠しに遭ったかのように、ハンプシャーの熟成庫から盗まれる事態が発生した。ボトルがなぜそんな場所にあったのか、それは神のみぞ知る。そして、私が本書を書き始めたまさにその時、この盗まれたボトルが出てきたのだ。
　この気の毒な物語についてより深く知りたい方は、インターネットで調べてみてほしい。ブラックウッドのジンとノルディックウォッカはオーナーが代わったものの、商品はまだ出回っており、十分な評価を得ているということだけはお伝えしておこう。だが人生の不条理を知るモルト通の間では、シェットランド諸島の蒸留所建設計画は今でも伝説となっている。
　幸いにも、より経験のある団体が現在、シェットランド諸島でのマイクロディスティラリー実現の可能性を探っており、近い将来現実となるかもしれない。この話もようやくハッピーエンドを迎える時が来たようだ。
　マックルフラッガについてだが、これは十分美味しい。——というのはこの物語を紹介するための口実でしかないが。

65 Living 現存

ニッカ
Nikka
カフェモルト
Coffey Malt

生産者：ニッカウヰスキー
蒸留所：兵庫県西宮市
ビジターセンター：なし
入手方法：オークション

伝説のアイルランド人、イーニアス・コフィーが、1830年に自身の設計した連続式蒸留機の特許を取得したことにより、蒸留の世界は永遠に変わった。彼の名前はこの希少で珍しい日本の製品にも与えられている。希少な理由としては、このウイスキーはわずか3027本しか造られず、そのうちヨーロッパにはフランスのウイスキー専門商社「メゾン・ド・ウイスキー」を通して1000本弱しか入ってこなかったからだ。珍しさゆえに、あっという間に売り切れてしまった。

　なぜ珍しいのか、これには二つの理由がある。まず第一に、このウイスキーがニッカウヰスキーの西宮工場で蒸留されたことが挙げられる。ここはその後、醸造所としての業務を割り当てられ、連続式カフェスチルは同社の宮城峡蒸留所に移されている。だが一番大きな理由はそのスチル自体にある。コラムスチルで蒸留されたモルトウイスキーだからこそ、貴重なのだ。

　観察眼の鋭い方ならすでにお気づきかと思うが、スコッチウイスキーではこんなことは不可能だ。コラムスチルを使えば「シングルグレーン」と呼ばなければならないと定められているからだ。ただし私はこの呼び方は適切ではないと思っている。ロッホローモンド蒸留所も大麦麦芽を100％使用し、銅製コラムスチルで蒸留したものを販売しようとしたが、これはスコッチウイスキーの規定に抵触してしまった。特別なカテゴリーとして認めてもらおうと、彼らはSWAの説得にあらゆる手を尽くしたが、この要求は拒絶された。不公平だと感じた人もいたことだろう。皮肉屋と言われるかもしれないが、もし彼らがSWAに加盟していたとしたら、もう少しよい結果を生んでいたのではないかという思いが浮かんでしまう……。

　とにかく、話を日本に戻そう。私個人としては、このように革新的で実験的なものはとてもわくわくする。どんな商品かラベルを見て判断できるのであれば、それで十分ではないか。

　これ以降も、シングルカスクやシングルグレーンといった、数多くのバリエーションが提供されている。絶賛のレビュー（といくつかのあまり乗り気ではないコメント）があるにもかかわらず、このボトルはあまり人気が出ていない。個人的には、この事態は恥ずかしいことだと思う（逆にスコッチのシングルモルト生産者たちは、喜んでいることだろう）。

　だが私は、話がここで終わるとは思っていない。コラムスチルはより早く、より安く、より品質の安定したウイスキーを造ることができる。遅かれ早かれ、スコットランドの厳しい規定に囚われないどこかの蒸留所が、この技術と、高い品質の樽を使って魅力的な製品を作ることに成功するだろう。そうなれば、蒸留の世界は逆転することになる。

　200年近く前のイーニアス・コフィーと同じだ。彼の革新的技術をすぐに受け入れたことで、スコッチウイスキー産業はライバルであるアイリッシュウイスキーを追い抜くことができた。歴史は繰り返されるだろうか？

66 Lost 幻の一本
オールドオークニー
Old Orkney

生産者：J＆Jマッコーネル社
蒸留所：ストロムネス　オークニー諸島
ビジターセンター：なし
　　　　　　　　近くに博物館がある
入手方法：オークション

これほど愛らしいウイスキーの広告を見たことがあるだろうか。これはオークニー諸島にあるストロムネス蒸留所が「Real Liqueur Whisky」（本物のリキュールウイスキー）のブランドである「オールドオークニー」の宣伝用に、1900年から1920年の間に作成したポストカードや広告チラシに掲載していたものだ。

　私たちの古き友人であるアルフレッド・バーナードは、訪れたこの地に心から魅了されていた。特にスチルについては「これまでの旅行で見てきた中で最も風変わりで興味深い……形はカボチャのようで、4分の1サイズの似たような形のチャンバーを上に載せている」と説明している。

　当時のオークニー諸島にはストロムネス、スキャパ、ハイランドパークという三つの蒸留所があり、いずれもメインランド島（オークニーの島民は、自分たちの一番大きな島をこう呼んでいる）に所在していた。スキャパは一時期危険な状態に陥ったが今でも生き残っており、成功を収めている。だがストロムネスはそうはいかず、1928年に閉鎖され、第二次世界大戦中に取り壊された。

　非常にまれにではあるが、オールドオークニーのオリジナルボトルがオークションに姿を見せることがある。ただこの名前は、ゴードン＆マクファイルがブランドとして一時期復活させたことがあるので、注意してほしい。後者のボトルは皆さんが探し求めているものではない。私が把握している限り、オリジナルボトルが最後に販売されたのは2012年4月、価格は2500ポンドと、かなり控えめであった。スコットランドのウイスキー史の一片を担うボトルには見合わない価格に思える。ポストカードのコピー（通常は20から30ポンド前後）や風変わりな水差しは、インターネットのオークションサイトで見かける機会がもう少し多いが、出品されるとコレクターたちにあっという間にさらわれてしまう。

　オリジナルのボトルが、これだけの期間を生き抜いてきたことだけでも信じがたいが、この蒸留所はとても小さく、生産量が非常に限られていたことを考えれば、本当に博物館級の1本と言える。そして皮肉にも、かつて蒸留所があった場所のすぐ近くに、小さくてかわいらしい博物館が設けられている。ここには熱心なボランティアスタッフが待機しており、彼らは街の素晴らしい歴史について喜んで語ってくれるし、ストロムネス蒸留所の遺物が展示されているケースを見せてくれることだろう。

　ここは現在公営住宅として使用されており、中には著名な作家で詩人でもある、ジョージ・マッカイ・ブラウンが28年間居住していた家もある。明らかに詩を書くよりウイスキーのほうが金になるが、ブラウンはウイスキーに関心はあったものの、お金には執着がなかった。彼はかつて、ウイスキーに関してこのような文章を残している。「大地の豊かなエッセンスであり、すべての果実と穀物のシンボルであり、人を快活に呼び覚ましてくれるものだ」

　オールドオークニーのポストカードと同じくらい素敵な、ウイスキーの宣伝文句ではないだろうか。

67 Lost 幻の一本

オールド・ヴァッテッド・グレンリベット
Old Vatted Glenlivet

生産者：アンドリュー・アッシャー社
蒸留所：なし　ブレンデッド　ベースは
　　　　ザ・グレンリベット
ビジターセンター：あり
　　　　　　　　　ザ・グレンリベット内
入手方法：オークション

何はともあれ、このボトルは世界を、ウイスキーの世界を変えた1本だ。

理由をご理解いただくためには、まず「ヴァッティング」と「ブレンディング」の違いを知っておく必要がある。「ヴァッティング」は同じ蒸留所で造られた異なるウイスキーを混ぜ合わせることで、「ブレンディング」は2ヵ所以上の蒸留所の製品を用いることと定義されている。だが歴史的に見れば、この言葉には互換性があった。そしてここでご覧いただくものが、現代的な意味で認められた初めてのブレンデッドウイスキーであることはほぼ間違いない。

このエジンバラを拠点とした同族会社には、アンドリュー・アッシャーという人物が二人登場する。どちらもブレンディングのパイオニアとして認められている人物だ。最初のアンドリュー・アッシャー（1782年〜1855年）はスピリッツ商で、グレンリベットのスミス家の代理人をしていた。彼は1840年代にはウイスキーをヴァッティングする実験を行っていたと思われるが、1853年に法律が改正され、保税倉庫内でのヴァッティングを行うことが可能になり、ついにオールド・ヴァッテッド・グレンリベットを発売したのだ。会社は急成長を遂げ、その後1860年にはさらなる法改正が行われ、現在私たちが認識するブレンディングが行われるようになった。

アンドリュー・アッシャー2世は、1840年代後半に共同経営者としてビジネスに参加した。この製品が販売された年、彼の父親は71歳だったので、功績のほとんどはこの若者にあったと言っていいだろう。後に彼の後継者であるサー・ロバート・アッシャーは王立委員会に対して、このボトルがイングランドへの輸出事業を拡大させ、1860年以降「スコッチウイスキーの取引量が飛躍的に伸びた」きっかけになったと述べている。ブレンデッドウイスキーの登場によって、ウイスキーの世界は一変してしまったのだ。

19世紀末には、アンドリュー・アッシャーはエジンバラの熟成庫に1万5000以上のウイスキー樽を所有していた。また、彼はノースブリティッシュ蒸留所の設立当時からの株主で、初代会長も務めていた。日本への輸出も成功を収め、ついにはエジンバラへ10万ポンドもの寄付をし、コンサートホール（アッシャーホール）を建てるほどだった。しかし同社は1918年にビジネスを辞め、DCLの子会社であるJ&Gスチュワート社に買収された。彼らはオールド・ヴァッテッド・グレンリベットを1970年代のある時期まで販売していたので、オークションサイトに出てくるのはほとんどがこれらのボトルだ。J&Gスチュワート自体は1995年10月に解散している。

アッシャーの名は、現在もアメリカ国内で「アッシャーズ・グリーン・ストライプ」という名の、大きい「お徳用」サイズのブレンデッドとして見かけることができる。かくの如く栄光は過ぎ去りぬ——現代のスコッチウイスキーの礎を築いた遺産としては、あまりにも寂しく思える。

68 Luxurious 高級品

パピー・ヴァン・ウィンクル
Pappy van Winkle
ファミリーリザーブ23年
Family Reserve 23 Years Old

生産者：サゼラック社が JP ヴァン・ウィ
　　　　ンクル&サン向けに生産
蒸留所：バッファロートレース
　　　　ケンタッキー州　アメリカ合衆国
ビジターセンター：あり　ただしブランド
　　　　ではなく蒸留所
入手方法：リリースは年一回
　　　　非常に希少

もしアメリカンウイスキーの世界に王族制度があるなら、ヴァン・ウィンクル家は戴冠式の順番待ちをしていることだろう。これは億万長者ですら買えないウイスキーなのだ。毎年ごくわずかな数しか販売されず、長い長い順番待ちのリストに名を連ねるファンたちをいつも落胆させている。

　ヴァン・ウィンクル家——アーヴィングの小説の有名な登場人物、リップ・ヴァン・ウィンクルではなく実在の人物だ——の蒸留の歴史は1800年代後半にまでさかのぼる。当時、創業者のジュリアン・P（パピー）・ヴァン・ウィンクルは、W.L.ウェラーという卸売業者のセールスマンとして各地を回っていた。禁酒法とその後遺症に傷つけられた複雑なアメリカンウイスキー産業に少なからず影響を受けつつも、事業はジュリアン・ヴァン・ウィンクル3世の手に引き継がれている。そして製品（バーボンとライウイスキー）はバッファロートレース蒸留所で造られ、熟成されている。

　このことをすでにご存知なら、私からお伝えできることはあまりない。だがありがたいことに、バーボンへの関心が再び世界的に高まっていることを受け、彼らの製品は世界最高峰のウイスキーと称えられるまでになった。一番若いバーボンで10年、本項のボトルは23年だ（バーボンとしては大変熟成が長く、伝説のスティッツェル・ウェラー蒸留所で造られた最後のバーボンだ。この蒸留所は本書のどこかでまたお目にかかるだろう）。事実上、消滅寸前の状態にあったウイスキーへの関心がこんなにも増すとは、当時は誰も予測できなかっただろう。

　生産数は少なく、今日の需要を十分満たす量が生産されることは決してない。この会社は非常に慎重に経営されている。順番待ちのリストを持っている酒屋が、さらに世界中で順番待ちをしているという事実を、彼らは楽しんでいるのだ。ウイスキーの神は右手で与えしものを、やがてもう一方の手で奪うことがあるということを、彼らは身を持って理解している。

　だから、もしボトルを見かけたら、とにかくつかみ取ろう。そして私に電話してほしい。なぜならジュリアン・プレストン・ヴァン・ウィンクル3世はこう話しているのだ。

「私たちのような立場に置かれている人間は他にいない。こんなボトルは他に知らない。以上だ。フェラーリ？　ランボルギーニ？　財力があればこれらは手に入れられるが、私たちのウイスキーはそうではない。何十億ドルもの資産を持っていても、このボトルを手に入れられない人もいる。彼らはプライベートジェットを現金で買うことだってできるのだ。うちの会社を買収したほうが、よっぽど楽だろうに」

69　Lost 幻の一本

パティソンズ
Pattisons

生産者：パティソンズ商会
蒸留所：なし　ブレンデッド
ビジターセンター：なし
入手方法：オークション

サー・ウォルター・スコットの作品は、19世紀のスコットランドで絶大な人気を誇った。彼は「国家を創作した男」と称されたが、それも十分な理由があってのことだ。恐らくロバート・パティソンとウォルター・パティソンの兄弟も、学童時代にサー・ウォルター・スコットの『マーミオン』を勉強し、最も有名なこの対句も丸暗記していたことだろう。

「人が人を欺く時　なんともつれた蜘蛛の巣を張ることか！」

　彼らにこの心構えが欠けていたのは本当に残念なことだ。これほど大きなトラブルは避けられただろうに。パティソン兄弟の不正と偽りを聞いたら、ウイスキーに関する作品を数多く残してきたサー・ウォルター・スコットは墓の中で安らかに眠れないだろう。
　これはよく知られた物語だ。兄弟は小さくも立派なブレンディングビジネスを相続し、その後事業を急速に拡大させ、1890年代の一大ウイスキーブームを利用して株式上場した。そして、安物のアイリッシュウイスキーをザ・グレンリベットの上質なシングルモルトと偽って販売し、暴利をむさぼった。それから間もなくして、彼らは世間を騒がせる倒産劇を迎えることになる。
　この倒産は今日でいうエンロン社の倒産のようなもので、世界中に衝撃を与えた。健全だった他のいくつかの会社も、パティソンズ商会と取引があったがために足を引っ張られる羽目になった。同じウイスキーの樽を異なる顧客に何度も「販売した」ことでロバートとウォルター兄弟は破産し、詐欺罪で刑務所に送られた。ウイスキーの評判、特にブレンデッドウイスキーの評判は致命的な打撃を受け、回復するまでには長い時間がかかった。
　彼らの考えが甘く、野心が強すぎて、自らの知名度におぼれてしまったのか。それとも皮肉にもすべては計算づくだったのか。私には判断できない。確かなことは、彼らの生まれ持っていた星は日の出の勢いで急上昇して鮮やかに燃え上がったが、一旦地上へ墜ちると激しい非難と破滅の中で消滅したということだ。うまくいっているうちはよかったが、同社の清算人が言うように「ウイスキーの取引史上、最も不名誉な出来事」という、悲惨な結果に終わってしまった。
　だからこそ、このボトルは面白い。時々同社のウイスキーがオークションに出品されることがあるが、一番最後に出品された1本は1900ポンドで落札されていた。歴史の一部であるウイスキーにしては安いように思えてならない。
　「アミノ・ノン・ストゥーティア」（「ずる賢さではなく、勇気を武器に」という意味）というモットーはパティソンズのパッケージによく登場していた言葉だ。だが彼らの狡猾な行いと悲惨な結末から判断して、ずる賢さが彼らのモットーであったと考えるのが正しいだろう。

70 Lost 幻の一本

ポートシャーロット
Port Charlotte

生産者：レミーコアントロー社
蒸留所：ポートシャーロット
　　　　アイラ島
ビジターセンター：なし
入手方法：神話上の存在

ポートシャーロットが甦ることはあるだろうか？
　ポートシャーロット蒸留所（もしくはロッホインダールという別名でも知られている）は、アイラ島のインダール湾沿岸で1829年に創業し、最終的に閉鎖されるまで100年間操業を続けていた。多くの蒸留所が閉鎖に追い込まれたこの時期に、こうした結末は珍しくもなく、最終的に蒸留所とほとんどの建物は取り壊されてしまった。ほとんどの人に気づかれず、惜しまれることもないまま蒸留所は閉鎖したが、それから60年も経たないうちに、この見捨てられた土地に大きな関心が寄せられるようになった。
　蒸留所はブルックラディ蒸留所のすぐ近くにあった。ブルックラディは2001年に生産を再開し、ポートシャーロットの古いダンネージ式の熟成庫でウイスキーを熟成させていた。そして2007年に、当時は独立系蒸留所だったブルックラディのCEOで、突飛な男といわれていたマーク・レイニアが、ポートシャーロットを再オープンさせると言い出したのだ。
　だが、計画の詳細は決して明らかにされなかったし、同僚たちですらこの発表に驚いたという（噂によると、こうしたことは初めてではなかった）。他のウイスキー業界の人々は、困惑するしかなかった（その頃になると、勘のいい人たちはマークの発言を軽蔑するようになった）。
　少々ロマンチックで理想主義的な見方をすれば、素晴らしいアイデアに思えるだろう。（同じくらいの時期に閉鎖された）ボーダーズ地方のアナンデール蒸留所を再建する予算が確保できるのなら（実際に確保されたが）、ポートシャーロットが不死鳥のような再興を成し遂げるための金銭的問題はどこにもなかったはずだ。
　だが、これ以上蒸留所を復活させる必要が本当にあるのだろうか？　正直に言ってしまうが、この蒸留所は特別なものではない。
　それよりも我々は未来に目を向け、21世紀のウイスキーを造ることに集中するべきではないか。いまやおぼろげに想像することしかできない、過ぎ去りし黄金時代に、重労働でゴツゴツになった手で急いでこしらえられた（申し訳ないが、これはもちろん「素晴らしい職人が情熱をかけて手造りした」と読んでほしい）、ピートまみれのウイスキーを思い起こす必要はない。
　これまでのところブルックラディは、ピートを効かせたウイスキーをポートシャーロットと名付けるに留めており、公正を期して言うなら、これはうまくいっている。私も自分用に1樽購入して、瓶詰めをした。「ウイスキーライターがウイスキーに金を払う」──これぞまさに歴史的だ！
　もしポートシャーロットのオリジナルのボトルが存在するなら、それはそれで大変なことだ。

71 Lost 幻の一本

ポートエレン
Port Ellen

生産者：ディアジオ
蒸留所：ポートエレン　アイラ島
ビジターセンター：なし
入手方法：オークション

私はノスタルジックな性分なので、この沈黙したアイラの巨人の項に、よく見かけるボトル（相当な値段だ）の写真ではなく、蒸留所の写真を選んだ。
　1833年頃に創業したとされるこの蒸留所は、1983年に閉鎖した。それだけ見ても、ここが人気を博していたことがうかがえる。なお、この蒸留所が閉鎖したのは偶然ではないということを覚えておこう――当時はブレンダーたちも、生まれつつあったシングルモルト市場においても、ピート臭が強いウイスキーの需要はほとんど、あるいはまったくなかった。蒸留業は多くの資金を費やさなければならないが、アイラ島全体がどん底のような状況に追い込まれていたのだ。
　もちろん状況は刻々と変化するが、当時は閉鎖することが合理的で当然の決断に思われた。ところが、アイラウイスキーは突如人気に火がつき、その後もますます勢いを増す一方だ。当然ながら蒸留所が閉鎖された際、ポートエレンにはウイスキーの入った樽が多く残っていた。ここから話は面白くなっていく。
　ザ・ウイスキー・エクスチェンジで働いている私の友人たちが報告してくれたのだが、彼らはこの7年間で、400種類以上の異なるポートエレンのボトルを扱ったそうだ。彼らも指摘しているように、この大量のニューリリースのほとんどはボトラーズの商品だ。彼らはいまだにストックを抱えており、大切に保管してきた樽も熟成の峠を越え、酒質がこれ以上よくならないことを見抜いているのだ。
　つまりピート愛好家やスモーク中毒の人々はいずれ、次の事実と向き合わなければいけない時が来る。ディアジオからも第三者の瓶詰業者からも、ポートエレンが出てこなくなる日が来るという事実だ（このことを書いていて、他人の不幸を喜ぶような快い戦慄が私の体を駆け抜けていった）。ディアジオのスペシャルリリースを筆頭に、近年価格が爆発的に上昇しているので、これからもその傾向は続くだろう。
　そうとも。ディアジオを経営しているあくどい資本主義者たちは、厚かましくも2012年に販売した商品の価格を2倍以上に引き上げた。恐らくいくつかのインターネットオークションサイトで、投機家たちが簡単に利益を上げているのを見たのだろう。最終的に在庫が底をついたらどうなってしまうのかを考えるとゾッとするが、ディアジオを責めることはできない。彼らは株主の利益を優先しないといけない。彼らの公式見解はこうだ。
　「ブローラとポートエレンの在庫は否応なしに減少している。それぞれの年ごとに出されるリミテッドエディションは、他に代えようのない、貴重なウイスキーの歴史のひとコマである。それに加えて、ポートエレンとブローラは単に希少で、古く、需要が大きいというだけではない。名だたる評論家たちが、並外れた品質だと評しているのだ。今年の製品も例外ではない」
　結果、私は何年もこのウイスキーを飲んでいない。とてもじゃないが、高くて買えないからだ。

72

Living 現存

パワーズ
Power's
ジョンズレーン
John's Lane

生産者：ジョン・パワー＆サン社
　　　　（アイリッシュ・ディスティラーズ社）
蒸留所：ジョンズレーン　ダブリン
　　　　現在はアイルランド
　　　　コーク州ミドルトン
ビジターセンター：あり
入手方法：オークションもしくは
　　　　　専門店から

皆さんに何としても知ってほしいことがある。それはアイリッシュウイスキーはかつて、世界をリードする存在だったということだ。今でこそ復活の兆しを少し見せているが、紛れもなく世界一だった時があったのだ。

　お疑いなら、アルフレッド・バーナードの書籍を開いてみよう。彼の『The Whisky Distilleries of the United Kingdom』をお持ちでないなら、急いで手に入れてほしい。初版本でも3000ポンド前後で手に入れることができるはずだ。もしくは、よくできた複製本であれば、オークションサイトで25ポンドもせずに買える。

　彼は6ページを割いて、ダブリンのジョンズレーン蒸留所を訪れた時のことを記している──6ページもだ。もし納得がいかないなら、口絵を見てみよう。とんでもなく牧歌的な風景の中に、カツラをつけて立っている恰幅のいい紳士が、ジェームズ・パワーだ。ここで自分に問いかけてみよう。ありとあらゆる絵の中から、なぜバーナードはこの一枚を選んだのだろう？

　それは彼がこの本を書いた当時、ジョンズレーン蒸留所が間違いなく世界で最も洗練され、効率的で、組織化された蒸留所だったからだ＊。

　現在は何が残っているのか？　いくつかの建物と1本の煙突、時計がひとつ、そして巨大なポットスチルが3基。アイルランド国立芸術大学の敷地内に残されている。これらは、偉大な産業の消滅を物語る沈黙の証言者のようなものだ。

　世界で初めて瓶詰されたアイリッシュウイスキーのひとつであり、同社の評判を確固たるものにしたパワーズ・ゴールドラベルは、現在はミドルトンのアイリッシュ・ディスティラーズ社が製造している。素晴らしいウイスキーには違いないが、歴史が異なる道をたどっていたらどうなっていただろうと、ちくりと思われる。

　その後衰退の一途をたどったジョンズレーン蒸留所は1974年に閉鎖され、大部分が取り壊されてしまった。アイリッシュウイスキーの伝説的存在としては残酷な運命だ。これは膨れ上がったスコッチウイスキー産業──自分たちの成功を疑わずますます得意になっている彼らに、大切なことを教えてくれている。すべては移ろいやすいということを。

　ジョンズレーン蒸留所で蒸留されたオリジナルボトルが、今もオークションに出てくることがある。現在ミドルトンで造られる製品──ゴールドラベルとパワーズ・ジョンズレーン（素晴らしいポットスチルウイスキーだ）は、代用品としてはまずまずのようだ。特にジョンズレーンはアイリッシュウイスキーの中でもより繊細で香ばしい傾向がある。このウイスキーは、いわば伝説の亡霊のようなものだが、誰もが楽しむことができる。

＊ 念のために言っておくが、経営者たちはバーナードに「豪勢な昼食」をおごり、彼は「十分な報い」をしたと言及していた。そして熟成ウイスキーの入ったフラスコと共に、彼を送り出した。私の経験から言えば、このような接待を断ったジャーナリストは、ほとんどいない（すべては調査のためだ。ご理解いただきたい）。

73 Luxurious 高級品

クイーンエリザベスⅡ
Queen Elizabeth II
ダイヤモンドジュビリー　グレングラント
Diamond Jubilee Glen Grant

生産者：ゴードン＆マクファイル
蒸留所：グレングラント　ローゼス
　　　　マレイ州
ビジターセンター：あり
入手方法：85本のみの限定生産

エルギン市に拠点を置く商店であり、瓶詰業者であり、最近では蒸留業者としても活動しているゴードン&マクファイル。控えめながらも、彼らはちょっとした伝説だ。相対的に見ても、スコッチウイスキー業界には家族経営のまま生き残っている会社は少ないし、グレンフィディックで有名なグラント家を除けば、いずれも決して大きくはない。それだけでもゴードン&マクファイルは注目に価する。これにエルギン市にある同社のショップ（ウイスキーのカテドラルのような場所だ。その棚の前で多くの屈強な男が涙を流し、目の前のきらめく品揃えに当惑する様は、神格化されたウイスキーを前にしているかのようだ）の桁外れの在庫、無名のシングルモルトの品揃え、良心的な価格を考えれば、ここに掲載しないわけにはいかない。

だが近年では、同社は並外れた年代物のウイスキーをいくつか販売している。2010年にモートラック70年を発売したのを皮切りに、2011年には同じくらい古いザ・グレンリベットを発売し、エリザベス女王の即位60年を記念して、このグレングラント60年を発売した。

このウイスキーをテイスティングしてみて、私の頭の中に二つのことが浮かんだ。ひとつは、グレングラントというウイスキーが著しく過小評価されているということだ（ただしイタリアは例外で、長きにわたって熱心なファンに恵まれている）。そして二つ目は、ウイスキーは本来、これほどの長期間持ちこたえるようにできてはいないということだ。長年見ていると、樽の中でのウイスキーの寿命はせいぜい20年から25年だ。これ以上長く保存するのは、せいぜい風変わりな行為か、最悪の場合はまったく無謀な行為となり、間違いなくウッディで過熟気味になってしまう──こうしたウイスキーを「ベタベタする」と表現するのを聞いたことがある。

すべてのウイスキーが25年という節目をうまく越えられるわけではない。だがこのグレングラントは成功している。このボトルが祝福する君主と同様に、ゆっくりと年を取りながら、威厳と静かな威光を増しているのだ。これは尊敬に価するウイスキーだ。最後に見た時には、まだ数軒の専門店で購入可能となっていた。

これらのことを考えれば、8000ポンドでも安く感じるだろう。だがゴードン&マクファイルからは、1936年に蒸留された50年物のグレングラントのボトルを、より控えめな3500ポンド前後で手に入れることができる。もしくは、数あるプライベートボトリングの中から、この奇妙なくらい過小評価されているスペイサイドウイスキーを探してみるのもいいだろう。

私もテイスティングさせてもらったが、ほんの少量、わずかティースプーン1杯ほどの量しかなかった。テイスティング用のサンプルというよりはグラスの底に残ったシミのようなもので、威厳と古い革のような感覚を一瞬感じたに過ぎなかった。だがその場にいた、スコットランドにおけるトップウイスキーライターのひとりであり、正しい判断を下せるチャールズ・マクリーンは、「実に素晴らしい」と宣言している。それで決まりだ。

74

Lost 幻の一本

ローズバンク
Rosebank

生産者：ディアジオ
蒸留所：ローズバンク
　　　　ファルカーク
ビジターセンター：なし
入手方法：専門店　オークション
　　　　　もしくはディアジオの
　　　　　スペシャルリリース
　　　　　時期は不明

もし誰かが、1993年に閉鎖された蒸留所の再建に大金を費やすと発表したら、何か面白いことが起こると思っていい。恐らく伝説が作られつつある（もしくは甦りつつある）のだ。この蒸留所とそのウイスキーは、ひどく惜しまれているからだ。私がポートシャーロット蒸留所の再開について懐疑的なのは、本当にそう思っているからだ。しかし、この蒸留所となれば話は別だ。

　ローズバンクはスコットランド中央部ファルカークの、フォース・アンド・クライド運河の岸壁沿いにある（厳密に言えば「あった」だろう）、非常に伝統的な蒸留所だ。スコットランドの中でも特に美しい場所というわけでもないし、蒸留所が閉鎖された当時は消えかかった産業の、半ば遺棄されたイメージがつきまとっていたため、マーケティング連中も目を向けることはなかった。蒸留所は隣の建物や運河が迫っており、制約が多かったし、また設備を環境規制に適合するよう改修するには、多額の費用が必要だった。さらにディアジオは、当分必要になるローランドモルトは、グレンキンチー蒸留所だけで十分まかなえると考えていた。こうして、ローズバンク蒸留所は閉鎖されたのだ。

　彼らは時計の針を戻し、決断をくつがえしたいと思っているだろうか？　まさにその通りだ！　だが20年前は、この決断が正しいと思われていた。正真正銘3回蒸留を行うローランドモルトへの関心が、これほど復活するとは誰も予想していなかったし、当時は単純に「軽い」と評されるのがオチだった。惜しくも今は無き花と動物シリーズや、レアモルトシリーズ、さらにボトラーズ物、そしてディアジオの超高級なスペシャルリリースによって、ローズバンクは真価を認められるようになった。

　元の蒸留所が再開されることは決してないだろう。だがスピリッツを甦らせようという計画があるということは、このウイスキーが高く評価されているということだ。マイクロディスティラリーへの関心の高まりという最近の風潮に支えられ、ファルカーク・ディスティラリー社は近くに新しい蒸留所をオープンしようとしていた。当初はローズバンクの名前を用いる計画もあったが、すぐに（商標を保持している）ディアジオが出てきて、それが実現不可能であることを説明する事態となった。建設計画は少々行き詰まっているように見えるが、発起人のウェブサイトには、2011年11月までにオープンするという文章が今も掲載されている。

　管理母体がスコティッシュ運河公社に替わったことで（元々の建物は、2002年に英国運河公社がディアジオから買い取っている）、現在彼らが敷地全体の多目的再開発計画を提案している。2013年9月にはテナント候補のアランブルワリーが、ヒストリックスコットランドから助成金50万ポンドを受け取った。彼らはここにブルワリーやマイクロディスティラリー、ビジターセンターなどを建設する計画を立てている。1993年当時、ディアジオが政府から50万ポンドの援助を受けていたら何ができていたのだろう。ついそんな思いをめぐらせてしまうが、少なくとも伝説（もしくはその一部）は生き続けている。

75 Luxurious 高級品

ロイヤルブラックラ
Royal Brackla
60年
60 Years Old

生産者：ジョン・デュワー&サンズ社
蒸留所：ロイヤルブラックラ
　　　　ネアン
ビジターセンター：なし
入手方法：オークション

製品の大半はデュワーズのブレンデッドに用いられているため、蒸留所としてはあまり知られていないが、ロイヤルブラックラ蒸留所にはひとつ卓越した特長がある。もしくは二つあると言うべきかもしれない。ロイヤルワラント（王室御用達の勅許状）を2回授けられている蒸留所はここだけだ。

　最初にワラントを受けたのは1833年（1835年との説もある）、ウィリアム4世の時代だ。ウイスキーが王室御用達の認定を受けるのはこれが初めてだった。ヴィクトリア女王は即位すると、即座に2度目のワラントを与えた。1838年11月15日のことだった（木曜日で、偶然にもかなり曇った、湿っぽい日だった）。彼女はウイスキーに夢中だったようだ（次の項を参照）。

　"ロイヤル"という名称はそれ以来使われている。しかし今の国王たちはデュボネやジンベースのカクテルのほうがお気に入りのようだ。人の嗜好は様々なのでしょうがないが、ウイスキー業界は"チャールズ3世"の誕生を息を殺して待っている。チャールズ皇太子はピーティなものに目がないことで有名だからだ。だがそうなったら、ブラックラのハットトリックはほぼ望みがないことになる。

　ただし2回のワラントを受けた張本人であるキャプテン・ウィリアム・フレイザーは、蒸留に関する法令に違反し、たびたび罰金を科されていた。検査係（収税官）のジョゼフ・ペイシーは「仕事でも私生活でも、この男ほど私の勇気や思慮深さ、誠実さを試す男に会ったことはいまだかつてない」と記している。

　だがここのウイスキーは、長きにわたって高い評価を受けている。1828年のAberdeen Chronicle（アバディーン・クロニクル）紙では「大きく称賛すべきスピリッツ」と説明されている。2度の王室御用達は今でも並ぶものがなく、イーニアス・マクドナルドは「スコットランド産ウイスキーのベスト12に入る1本」と褒め称えている。

　最近、ロイヤルブラックラの200周年を記念して、35年ボトルが限定発売された（1年遅れなうえ、シャンボールリキュールを思わせるような、あまり洗練されていないボトルだった）。しかし蒸留所の名声は、王室御用達のワラントと、1980年代後半にもっと控えめなパッケージで出された60年物によるところが大きい。信じ難いことに、この尊いスピリッツは1991年に蒸留所が再開した際に、ゲストたちに配られたのだ。彼らがその価値を正しく認識してくれていたことを願う。その後、この蒸留所はバカルディ社に買収された。

　もっとシングルモルトに力を注いでほしいと願っているのは私だけではないだろう。これまでに2種類ほどが販売されたが、心血を注いでいるとは言い難い。かつての人々の思いをここに紹介しておく。「国王のウイスキー――それはインバネスにあるフレイザーのロイヤルブラックラ蒸留所で、国王陛下のために特別に蒸留されたウイスキーだ。恐らく、あらゆる国の通たちの嗜好や気質に合う唯一のモルトスピリッツだろう」（モーニングポスト紙、1836年5月7日付紙面から）

76

Living 現存

ロイヤルロッホナガー
Royal Lochnagar
セレクテッドリザーブ
Selected Reserve

生産者：ディアジオ
蒸留所：ロイヤルロッホナガー
　　　　ディーサイド
ビジターセンター：あり
入手方法：専門店から

こんな状況を想像してほしい。あなたはちょうど蒸留所を創業したばかり。競合相手は山のようにいる。マーケティングの武器になるものが必要だ。
　あなたならどうするだろう？　答えは簡単だ。キャサリン妃やウィリアム王子といった若い王室メンバーに素早くメールを送って、「蒸留所を見に来ませんか？」とさりげなく提案するのだ。その際には「ジョージ王子もご一緒に」という一言を付け加えておこう。次の日、彼らがやって来るだろうから、蒸留所を簡単に案内してあげよう。するとあら不思議、操業を開始したばかりの蒸留所の名前に「ロイヤル」がつくのだ。ブランド・アイデンティティの問題はこれで解決。将来の成功も保証されたようなものだ。
　1848年のことだ。野心家であったジョン・ベッグは、ロッホナガーでほぼ同じことをやっている。この蒸留所から半マイルのところに、若き日のヴィクトリア女王と、彼女の最愛の夫アルバート公がリースしたバルモラル城*があった。この城に女王陛下、アルバート公、そして彼らの子供たちが滞在していることを聞きつけたベッグは、彼らが城の中での遊びにはもう飽きているだろうと読み、蒸留所に招待した。すると翌日、彼らがぶらりとやって来たのだ。
　見たものすべてを気に入った彼らは、蒸留所の名前を「ロイヤルロッホナガー」とすることを喜んで受け入れた。ニューロッホナガーよりもずっと洒落た名前になり、売り上げは見事に増加、あらゆる面で3倍となった。
　ロイヤルを冠することができる蒸留所は現在2ヵ所しかなく、この小さな蒸留所はそのうちのひとつだ（最初に許されたのはロイヤルブラックラだが、現在はあまりパッとしない）。現在の経営者であるディアジオはロッホナガー蒸留所をきちんと整備し、小さいが素晴らしいビジターセンターや（近くのバラターに食材を買いに来る女王陛下に出会うチャンスを狙って観光客がバスを連ねてやってくるが、たいていはガッカリする結果に終わるので、強い酒が必要になるのだ）、他にも企業向けの上品な接待スペースやトレーニングスペースが用意されている。
　生産量の一部は──スコットランドの中でも小さい蒸留所なので生産量は少なく、年間50万リットルにも満たない──ブレンディング用、特にジョニーウォーカーに用いられている。ジョニーウォーカーのダイヤモンドジュビリーに入るウイスキーは、ここでブレンドされ、ボトリングされた。蒸留所には空になった樽が展示されているので、ぜひ対面してほしい。10万ポンドのウイスキーに最も近づけるチャンスである。
　今日、セレクテッドリザーブは青い箱に入れられており、王室のウイスキーとしての威厳を保っている。

---

* 彼らは古い城を解体して立派な城に建て替えた。今日見ることができるのは、ヴィクトリア女王とアルバート公が築いたもので、そのおかげで当時のスコットランドはだいぶ洗練されたものになった。何事にも王室の助けが必要だったのだ。

77

Lost 幻の一本

セント・マグダレン
St Magdalene

生産者：スコティッシュ・モルト・ディスティラーズ（DCLの子会社）
蒸留所：セント・マグダレン　リンリスゴー
ビジターセンター：なし
入手方法：限定品

セント・マグダレンとは、もちろん新約聖書とイエス・キリストの生涯、処刑、復活における重要人物であるメアリー・マグダレン（マグダラのマリア）のことである。彼女は聖人と見なされており、その勇気と毅然とした姿勢は崇拝の対象となっている。

　つまり蒸留所の名前としては、とても特別な意味を持っていた。蒸留所があった場所は、歴史上有名なリンリスゴーの町の中でも、重要な場所だった。この町はウエストロージアンにあり、12世紀からスコットランド史において重要な役割を果たしてきた。悲しいことに、のちの世代の都市設計者が十分な管理を行わず、歴史的地区の多くが失われてしまった。蒸留所が建設される前、この地にはハンセン病病院があり、セント・マグダレン・ホスピタルという名で知られていた。蒸留所の名前はこの病院から取られたものだが、蒸留所はそのウイスキーと共にリンリスゴーという名前でも知られていた。

　この蒸留所は、1765年から1798年の間のいずれかの時期に（恐らくセバスチャン・ヘンダーソンによって）設立されているが、セント・マグダレンに場所が移ったのは1834年のことだ。1912年にDCL社に買収され、1927年に改装が行われた。当時のウイスキー産業が置かれていた状況から考えると、彼らにとってこの蒸留所が重要で、評価も高かったことが分かる。ローランド地方のシングルモルトは、ブレンディングにおいて特に重要だったということもあるかもしれない。だがその重要性も歴史的意義も、1983年の閉鎖の波＊を防ぐには不十分で、その後蒸留所は住宅に変わってしまっている。

　近年は高い評価を取り戻しているが、それは残されていたストックがディアジオのレアモルトやスペシャルリリースシリーズとして販売されたことが大きいだろう。ボトラーズ物も見つけることは可能だが、在庫が底をつくにつれ、今後ますます希少になっていくはずだ。

　ローズバンクほどの高い評価は得ていないが、同じローランダーの姉妹であるリンリスゴーの閉鎖は、痛ましく残念な損失だったと今日では考えられている。今だったら閉鎖など考えられないだろう。蒸留所には多額の投資が必要だとしても、エジンバラに近い立地、長い歴史、そしてローランド地方のウイスキーという事実があれば、確実に生き残ることができたはずだ。あと20年ほど持ちこたえていてくれれば、まだ私たちと共にあることができたのだが。

　その長い生涯の間はあまり有名ではなかったが、残された希少な樽と反比例して、この蒸留所への評価は高まっている。すでにちょっとした熱狂的信者が出つつあり、蒸留所の名はそのウイスキーよりも長らえるだろう。

＊ 例の「ウイスキーロッホ」である。これ以前の10年間にウイスキーを製造しすぎた結果、このような閉鎖ラッシュが起きてしまったのだ。

78 Luxurious 高級品

サマローリ・ボウモア
Samaroli Bowmore

生産者：サマローリ
蒸留所：ボウモア　アイラ島
ビジターセンター：あり
入手方法：オークション

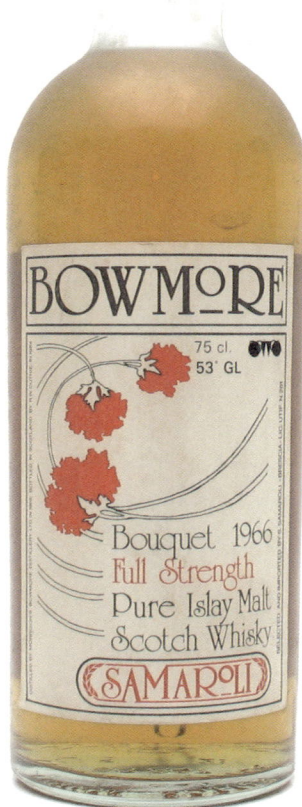

元々は比較的控えめな価格で販売され、イタリアの通な人々に親しまれていたサマローリだったが、1980年代から発売されたサマローリボトルは、今では伝説的な存在となっている——恐らくこのボウモアのカスクストレングス（アルコール分53%）の、有名な「ブーケ」シリーズの1本がそうだろう。わずか720本しか生産されておらず、大半はその当時に飲まれてしまったので、現在では本当に希少なボトルになっている。だがコレクションとして保管されているものもいくつかあるので、本当に運が良ければ、オークションに姿を現すことがあるかもしれない。

　もちろん、この格別なウイスキーをテイスティングするには、気前よくお金を出さなければならないことは覚悟しておこう。まずはサマローリについて説明しておく。同社は1968年にシルヴァーノ・サマローリによって創設された。彼は自身の審美眼と、スコッチウイスキーへの深い愛情、そしてスコットランド各地を訪れて得た経験に基づいて、シングルモルトのシングルカスクボトリングを始めた。当時はシングルモルトをボトリングすることはほとんどなかったし、イギリス国外では間違いなく彼が初めてだっただろう。

　幸運にも彼は際立った味覚の持ち主であり、ウイスキー産業に関わる者の大半が、シングルカスクを選んでボトリングすることを奇抜な行為と思っていた時代でも、優れた樽を手に入れることができた。結果として彼の評判は高まり、（ラムも含めて）その製品は人気が沸騰した。

　このボウモアは比較的控えめな18年熟成で、1966年に蒸留されて1984年に瓶詰めされている。実はサマローリは長熟ウイスキーの信奉者ではなく、「いいモルトは25年、もしくは30年以上樽の中で熟成させることはできない。コクが失われ、バランスが崩れていく」と述べている。

　1980年代のボウモアの蒸留スタイルに対しては批判もあった。だが思慮深いコメンテーターたちは皆、これはボウモアの品質が黄金期を迎えた1960年代のボトリングだということを承知している。驚くほど優雅で洗練されたラベルには樽に関する情報は一切ないが、ウイスキーはかすかにゴールドがかった明るい色をしている。私は運良くこのウイスキーを試すことができたが、素晴らしい評判にかなうものであることは保証する。

　愛好家たちが絶大な信頼を寄せる「Whiskyfun」のサイトに掲載された、モルトマニアックスのサージ・バレンティンのコメントを掲載するのが一番だろう。ここで彼は「テイスティングできる幸運にあずかったウイスキーの中でも、これほど完璧なウイスキーは滅多にない」と結論付け、100点満点中97点をつけている。私はウイスキーを採点することはしていないが、モルトマニアックスのバレンティン氏は数多くの優れたウイスキーを飲んできている。彼が90点以上をつけたウイスキーなら、どんなものでも試してみたいと思う。

79

Lost 幻の一本

スコッチ・モルト・ウイスキー・ソサエティ
Scotch Malt Whiskey Society
ボトル　1·1
Bottle 1·1

生産者：スコッチ・モルト・ウイスキー・
　　　　ソサエティ
蒸留所：（伝えられるところによれば）
　　　　グレンファークラス
ビジターセンター：ソサエティの建物は
　　　　　　　　　エジンバラ
　　　　　　　　　リースのロンドン＆
　　　　　　　　　ホテルパートナーズ
入手方法：永遠に入手不可能

私と同じくらい年老いて、人生の皮肉を敏感に感じ取れる人間でなければ、スコッチ・モルト・ウイスキー・ソサエティ（SMWS）がウイスキー業界における手に負えない子供のような存在で、ほとんどの業界人に心の底から嫌われていた時のことは覚えていないだろう。

　ソサエティは1983年、伝説的なエジンバラの変わり者、フィリップ（ピップ）・ヒルズによって設立された。この穏やかでうぬぼれの強い町は、時々このような人材を輩出しては、寛容にも受け入れている。そうしてブルジョア的な自己満足にひたりながらも、リベラルで、心が広く、概して進歩的な町であることをアピールしているのだ。ただし、建築が素晴らしいのは確かだ。

　すっかり企業化したSMWSは、その歴史からピップの存在を消してしまっている。同社のウェブサイトで公開されている自意識過剰ぎみの素朴な動画には、会社の始まりが描かれているのだが、どういうわけか彼の名前には一切触れていない*。不都合な説明を削るあまり、悪名高い彼のアストンマーティン・ラゴンダも、なぜかVWビートルへと化してしまっているのだ。だが30年前の設立時（ルーツはそれより前だ）には、SMWSは実に急進的で革新的な組織であり、（いい意味での）破壊分子だった。正統性に刃向かい、既成の秩序をひっくり返し、ウイスキー業界の因習を破ろうとしていた。

　それは、当時はほぼ馴染みのなかったシングルモルトというウイスキーを、会員向けにボトリングすることだった。樽から直接ボトリングしたウイスキーは、衝撃的だった。もちろんカスクストレングスのノンチルフィルターだ。若い読者の方々はこれまでの文章を読んで不可解に思われたかもしれないが、これはSMWSの一定の成果だ。これは本当にあった話だが、1991年、当時の私の上司でグレンモーレンジィの社長だった人物が、私のSMWSの会員登録を失効させろと要求してきたのだ。「会社への忠義に反するから」というのがその理由だった。それが今では、グレンモーレンジィ社がSMWSのオーナーとなっている。

　厳密に言えば、ここに掲載したものは記念すべき最初のボトルではない。正式な組織になる前に、仲間たちの集まりから始まったからだ（その頃、すでにボトリングしている）。だが同じくらいの価値はある。

　ソサエティのボトル1・1はすでに飲み尽くされ、ここにある写真の1本が保存用として生き残った唯一のボトルである。それでも、このウイスキーとそれを生み出した組織は、伝説に違いない。彼らとピップ・ヒルズの両者を褒め称えることができたことを、うれしく思う（私がリベラルで、心が広く、進歩的であることを示せたからだ）。

＊ 公正を期して言うなら、彼のビジネスに対する投機的なアプローチのせいで、SMWSは危うく倒産の危機にさらされた。そして彼（今では非を認めている）は退却を「余儀なくされる」ことになる。

80

Luxurious 高級品

スプリングバンク
Springbank
1919年
1919

生産者：Ｊ＆Ａミッチェル社
蒸留所：スプリングバンク
　　　　キャンベルタウン
ビジターセンター：あり
入手方法：オークション
　　　　　専門店からも入手可能

スプリングバンクは飛び抜けた蒸留所だ。ブルックラディのCEOを務めていたマーク・レイニアはかつて、この蒸留所について「おかしな連中の集まりだ」という印象的な言葉を残し、「他の会社とは違う」と述べていた。

　もちろん、最後の意見は正しい。だが彼らは他の会社のように自分たちの独自性を自慢しようとはしない。ついでに言うと、スプリングバンクは今でも独立系の蒸留所として力強く成長しているが、ブルックラディはレミーコアントローに買収され、マーク・レイニアはもはや社長の座にも就いていない。

　事実、スプリングバンクはスコットランドに現存する独立資本の家族経営蒸留所の中で、最も古い。ひとつの場所[*1]ですべての製造工程を行っている蒸留所は、スコットランドではここだけだ。伝統的なフロアモルティングから、熟成、瓶詰めまで、すべてキャンベルタウンで行っている。そして他社がやり始めるずっと前から、革新的な独自の取り組みを静かに実行してきた。

　50年物のウイスキーをボトリングしてみてはいかがだろう？ 巷で大流行しており、多くの蒸留所がこぞって出している。ちなみにスプリングバンクが50年物を出したのは1970年のことだ。1970年!? そんなものを出そうなんて、誰も夢にも思わなかっただろう。

　ここに掲載したスプリングバンク1919年は24本しか生産されていない。だがあくまでもスプリングバンクらしく、スタンダードな丸型のトール瓶に詰め、シンプルなラベルを貼っただけだ。刻印入りのデキャンタもなく、銀の栓もなく、手作りのオークキャビネットも付かず、有名なウイスキーライターが書いた革張りの冊子も付属していない[*2]。

　昔の話だが、このウイスキーが世界で最も高価なウイスキーとしてギネスブックに登録されたことがあった。だが蒸留所には2009年3月まで在庫が残っており、この年に最後の2本が売れた。つまり50年熟成のウイスキー24本を、39年かけて売ったことになる。これは少々「おかしい」と言われても仕方がない。

　このウイスキーについて、これ以上お伝えすることはない。つまりこれは最も伝統ある蒸留所が生みだした博物館級のボトルであり、ウイスキー愛好家たちの間で崇拝されている1本だということだ。企業のトレンドや、流行の経営方針、もしくはコロコロ変わるマーケティングキャンペーンなどとは無縁の存在である。素晴らしい。このような蒸留所がもう少しあればと私は思う。

　問題は、あと50年待たなければ次のボトルが出てこないということだ。

[*1] 規模にかかわらず、ここが唯一無二だ。キルホーマンなど、より小規模の蒸留所が全工程を自社で行うことを目指している。
[*2] この私の小冊子であってもだ。時に彼らも間違いを犯すということ証明している。恐ろしく、ゾッとするような間違いだ。

81 Living 現存

スプリングバンク
Springbank
21年
21 Years Old

生産者：Ｊ＆Ａミッチェル社
蒸留所：スプリングバンク
　　　　キャンベルタウン
ビジターセンター：あり
入手方法：専門店から

ある程度の見識を持ったウイスキー愛好家なら、スプリングバンクが掲載されることを拒否したりはしないだろう。かつてほどの流行ではないかもしれないし、もはや個人向けにシングルカスクの樽を販売することはないかもしれない。それでも、永遠にウイスキーの伝説であり続けるだろう。キャンベルタウンモルトの伝統と名声を今に伝える、唯一の蒸留所だからだ。

　著名なウイスキーライターのマイケル・ジャクソンは、この蒸留所の熱烈な支持者で、1987年には「この伝統ある蒸留所は、もう何年も生産を行っていない」と悲しげに記している。その後間もなくしてシングルモルトウイスキーへの関心が高まったことによって、この蒸留所は見事な復活を遂げた。無名に近かったことから、ある種のカルト的なファンまで生まれている。私はこの蒸留所の精巧なタトゥーを体に入れた熱狂的なファンを見たことがある。このウイスキーは奇妙で素晴らしい愛好心を呼び起こすのだ。

　ではどのスプリングバンクを選ぶべきか？　1990年に瓶詰めされたローカルバーレイ24年を推す声は根強い。入手は困難だが、その神話に近いステータスは無視できないので、こちらは別の項で取り上げることにする。（当然ながら）サマローリも1970年代後半にスプリングバンクを出している。だがローカルバーレイ同様、こうした伝説のボトルを手に入れた者たちは、たとえ自分の子供は手放せても、ボトルを手放すことは決してないだろう。

　実はボトラーズから出ている製品も非常に多い。もうひとつの家族経営蒸留所であるグレンファークラスとは異なり、スプリングバンクはいつだって瓶詰業者に喜んで樽を提供してきた。ブランドネームを軽視した行為にすら思えてしまう。いずれも非の打ちどころがないボトルばかりなので、限られた資金しかない私たちはどれを買うべきか惑わされるばかりだ。

　だからこそ、私は蒸留所のオフィシャルボトルにこだわりたい。毎年リリースされる21年物を超えるボトルに出会うためには、はるばる足を運んで多くのバーを巡る必要があるだろう。残念ながら、あまり出荷量は多くないので、モルト通たちにはかなりの高値であっという間に買い占められてしまう。ウイスキー界のゴラムのような連中。私は彼らをそんな風に想像してみる。夜になるとこっそりと現れ、不気味な音を立ててウイスキーをのどに流し込む。満足げにウイスキーを眺めながらも、一方で、自分がウイスキーを図々しく消費しているという罪の意識にさいなまれるのだ。

　スプリングバンクの最大のライバルはグレンスコシアだった。だが1930年、蒸留所のオーナーだったダンカン・マッカラムはキャンベルタウン・ロッホに身を投げてしまった。それ以降、同じ味は造れずにいる。反対にスプリングバンクの18年や21年は、その素晴らしさに舌鼓を打つほどだ。

82

Luxurious 高級品

スプリングバンク
Springbank
ウエストハイランドモルト
West Highland Malt

生産者：J＆Aミッチェル社
蒸留所：スプリングバンク
　　　　キャンベルタウン
ビジターセンター：あり
入手方法：オークション
　　　　　もしくは専門店から

本書では、3種類のスプリングバンクを掲載している。
　これは大したことだ。スコットランド本島の果てにある小さな蒸留所で、商業的必然性によって1980年代（1920年代にも危機があった）に危うく閉鎖しかけた蒸留所であることを考えれば、なおさらである。
　だが本書で取り上げた3本は、頑張れば何とか手に入れられる21年も含めて、ウイスキー愛好家たちの間で神話に近いステータスを得ている。その理由として独特の製造方法を守り抜いていることや、困難な状況の中でもしっかりと生き延びてきた粘り強さが挙げられる。しかし、その大部分はウエストハイランドシリーズとしてボトリングされた、1960年代のウイスキーの並外れた品質の高さによるところが大きい。これはオリジナルのダンピーボトルを探してほしい。似たようなラベルのトール瓶があって、こちらもとても素晴らしいが、ダンピーボトルほどの高い評価は得られていない。
　特にカスクナンバー441、442、443の三つの樽は、驚くほど高い評価を得ている。いずれもシェリー樽で、それぞれカスクストレングスで、わずか24年熟成でボトリングされている。その深くて強烈な味わいは、熟練のテイスターも息を呑むほどだ。スプリングバンクのファンにとっては、限りなく完璧に近い味に到達した製品と言えるかもしれない。
　スプリングバンクは1980年代のほとんどの期間を生産休止していたが、1989年に再開された。この時期に生産された若い製品は品質に一貫性がないと批判されたりもしたが、それも乗り越え、評価は再び高まっている。だが現在の蒸留所にとって、ここで紹介したウイスキーと同じくらい優れた製品を生み出すのは至難の業かもしれない。現在はシェリー樽の品質と、その入手自体が難しくなっているからだ。もしかしたら、これらのウイスキーは二度と造れないかもしれない。つまり、当初の発売時に良心的な価格でこのボトルを手に入れることができたごく少数の人たちは、そのこと自体で祝福されているのだ。
　昔はニューメイクを樽ごと購入して、自分（や友だち）だけのものにすることができた。残念ながら、彼らはそんなサービスをもはや提供していない。スプリングバンクも偉くなってしまったのだ。
　もうお気づきだと思うが、私は100点満点で採点するのは好きではない。だがモルトマニアックスのサージ・バレンティンとオリヴィエ・フンブレヒトは、カスクナンバー443に96点を与えている。
　言い換えれば、とても素晴らしいということだ。いやそれ以上だ、と言う人もいるだろう。

83 スティッツェル・ウェラー
Stitzel-Weller

Lost 幻の一本

生産者：ディアジオ
蒸留所：スティッツェル・ウェラー
　　　　ルイヴィル　アメリカ合衆国
ビジターセンター：なし
入手方法：限られた専門店から

多くのアメリカの蒸留所と同様、この蒸留所の物語もだいぶ込み入っている。オーナーの交代、禁酒法の影、お決まりのブランドや蒸留所名の混乱などだ。だが、蒸留所は閉鎖されてもなお、バーボンの歴史における重要な位置を占めている。多くの批評家たちは、在りし日のスティッツェル・ウェラー蒸留所は、これまで造られたどんなウイスキーよりも素晴らしいと主張している。それなのに、どうしてこの蒸留所は冷たく静かに横たわっているのだろう？

　私が目にしたウェブサイト上の一文は、とても上手にまとめていた。「古きスティッツェル・ウェラー蒸留所は、ルイヴィルの蒸留産業を見事に体現している。休止し、複雑で、放棄され、悪用され、見捨てられ、高慢で、そして将来が約束されていた」

　簡単に説明すると、この蒸留所は禁酒法の廃止後に著名な蒸留一家（スティッツェル家とウェラー家）によって、1935年に創業された。すぐに彼らは、小麦を使った他にはないバーボンを造るようになり、高い評価を得た（よくある話だが、蒸留所が閉鎖され、在庫が底をつき始めて以降、その評価はまた高まったようだ）。

　ヴァン・ウィンクル一族がオーナーだった頃が、蒸留所の全盛期だった。だが1960年代から70年代にかけてバーボンの消費量が減少すると、別のオーナーに売りに出された。新しいオーナーになっても結果は大して変わらず、やがて1986年にギネスの手に渡った。そこからディアジオに売却され、1992年に閉鎖された。

　だがパピー・ヴァン・ウィンクルのブランド権は一族に残っていた。そして蒸留所を売却した時にいくつかの樽をしっかり確保していたので、スティッツェル・ウェラー蒸留所のストックから瓶詰めを続けることができた。現在これらのストックから出されるのは、一番古い23年物だけだ。

　これでも十分込み入っているが、残念ながらさらにややこしくなる。なぜなら現在ディアジオが、スティッツェル・ウェラー蒸留所があった場所をブレットバーボンのビジターセンターとして活用しているからだ。だがこのブランドは実際は、ローレンスバーグのフォアローゼズ蒸留所で蒸留されている。しかしこういったトリックはアメリカンウイスキーの典型的なマーケティングのやり口だ。ゆえに先に引用したウェブサイトにも、明らかな皮肉が並んでいるのだ。

　さらに事態は悪化している！　いや、好転する可能性もある。この蒸留所を修復し、再稼働させるかもしれないと、ディアジオの関係者がうっかり漏らしてしまったのだ。これまで、施設からアスベストを除去するための費用が高く、それが閉鎖されたままになっている理由だと言われてきた。この話が本当なら、世界的な需要の高まりが、計画を実現可能なものとしたのだろう。もしそうなら、万歳！　たとえ同じものにならない（同じものにできない）としても、存在自体が伝説となっている蒸留所にとっては、喜ばしいニュースだ。

Lost 幻の一本

84

ストロナッキー
Stronachie

生産者：アレクサンダー・アンド・マクドナルド社
蒸留所：ストロナッキー
　　　　　キンロス
ビジターセンター：なし
入手方法：オークション

STRONACHIE DISTILLERY, PATHSTRUIE.

見えたと思ったら、あっという間に見えなくなってしまった。

ストロナッキー蒸留所は、私たちに大切なことを思い出させてくれる。それは、スコッチウイスキーは必ずしも利益を生み出すものではないということだ。ウイスキーが「黄金時代」の真っ只中にある今だからこそ、短く、特に際立った存在でもなかったストロナッキー蒸留所の歴史を思い出しておくことは賢明だろう。たとえるなら、古代ローマ時代に将軍が凱旋する際、その頭上に勝利の月桂冠をかかげていた奴隷が、同時に死の必然性を唱えていたのと同じだ。

ストロナッキー蒸留所の操業期間は40年にも満たない。1890年にオーナーのアレクサンダー・マクドナルドがパース州の小さな田舎町であるフォーガンデニーの近くに創業したが、1907年にはサー・ジェームズ・カルダーに売却された。彼はこの業界で幅広い経験を積んでいたので、すべては順調に進みそうに思えたが、より大きな経済力にはかなわなかった。

1920年に、ボーネス蒸留所と共にリースのマクドナルド・グリーンリースに吸収合併され、その6年後にはボーネス、オーヒンブレー、グレンダラン、ダルウィニーといった蒸留所と共に、DCL社に買収された。5つの蒸留所の中で、現在も操業を続けているのは二つだけだ。このように書くと、自分の知識をひけらかしたい人からすぐに「名前は同じでも、初代のグレンダランは新しい蒸留所に取って代わられているじゃないか」という意見が出るかもしれない。その後すぐにストロナッキーは閉鎖され、1930年までには施設が取り壊され、更地にされた。残されているのはいくつかの石垣と、オークションサイトに姿を現す奇妙な水差しだけだ。そして伝え聞くところによると、個人のコレクションにはボトルが4本残っているそうだ[*]。

だが事態は複雑になっていく。2002年に入ると、上品なパッケージのストロナッキーのボトルが、「失われた蒸留所」のものとして売られ始めたのだ。いくつかの樽が奇跡的に残っていたのだろうか？ 悲しいかな、真実はずいぶんと陳腐だ。独立瓶詰業者のA.D.ラトレーが、ストロナッキーの販売代理店を務めていたことを理由に、この失われた蒸留所のスタイルと味わいを再現したとするモルトウイスキーを販売したのだ。

実は中身はベンリネスのウイスキーだったのだが、やがて新しい法律によりラベルへの明記が義務付けられるようになり、「謎のモルト」という切り口は無効になった。当然ながらこの法律の要点は、消費者が自分が一体何のウイスキーを買っているのかを明確にすることで、たとえ一瞬であっても、希少なボトルを見つけたんじゃないかと、消費者が誤解しないようにするためだ。あえて謎めかせる必要はない。ベンリネスは様々な種類のボトルが手に入るし、中身も申し分ない。ストロナッキーに関しては完全に失われたウイスキーなのだ。二度と味わえないだろう。

---

[*] そのうちの1本はエアシャーのカーコスウォルドにある、A.D.ラトレー・ウイスキー・エクスペリエンスに展示されている。

85　　　　　　　　　　　　　Living 現存

タリスカーストーム
Talisker Storm

生産者：ディアジオ
蒸留所：タリスカー　スカイ島
ビジターセンター：あり
入手方法：広く流通

「タリスカーほど市場で高い評価を得て、価格の値上げをもたらしてくれるウイスキーは他にない」。1878年に、オーナーのジョン・アンダーソンはこう断言した。それから程なくして彼は破産したのだが……。それから7年後、ロバート・ルイス・スティーブンソンは『The Scotsman's Return From Abroad』（スコッツマンの帰還）という詩の中で、タリスカーに対して「酒の王様だ」という賛辞を贈っている。公正を期すために述べておくが、彼は同様にアイラ島のウイスキーとザ・グレンリベットの名も挙げている。だが不思議なのは、彼が子供向けの詩集にこの宣伝文句を入れたことだ。今ならあまり歓迎されないだろう。

この蒸留所はスカイ島にある唯一の蒸留所だが、そのことを常々奇妙だと思っている。もっとウイスキーの活気に満ちた土地だと期待していた人もいるだろう。1823年には7つの蒸留所があったという記録が残されているが、恐らく他の蒸留所は、タリスカーを味わってあっさりギブアップしてしまったのだろう。

理由はともかく、この荒々しくも伝統的な蒸留所で製造された力強いシングルモルトは、大いに愛されている。長年にわたってシングルモルトとして販売されてきたが、1928年までは3回蒸留が行われていたので、厳格な人はスティーブンソンが飲んだウイスキーの味は、今日私たちが飲んでいる「クーリン山の溶岩」とは大きく違っていたはずだと言うだろう。もちろんタリスカーとスカイ島に関する伝説はたくさんある（陳腐なゲーリックもどきの物は、バスツアーには打ってつけかもしれないが、すぐに人々の記憶から消えていく）。だが私には、忘れがたい光景がひとつある。BBCテレビの伝説の天気予報士、マイケル・フィッシュが、ロンドンのサウスバンクで全身びしょ濡れになりながら——ここまで話せばもうお分かりだろう——タリスカーストームの宣伝をしていたのだ。恐らく彼は十分な報酬をもらっていたと思うが、少なくとも、危険を顧みない紳士だということは世間に示せた。

イギリス国外で本書を読んでいる方や、30歳以下の方たちは何のことだか分からないかもしれないが、そのような場合はYouTubeで調べよう。フィッシュは、1987年10月に英国南部に甚大な被害をもたらした大嵐を、天気予報で当てられなかったことで有名になった人物だ。まあ、スカイ島の島民にしてみれば少し強い、夏のそよ風くらいの規模だったかもしれない。

とにかく話をウイスキーに戻そう。もしまだ飲んだことがないなら、ぜひ飲むべきだ。そして飲んだことがある人は、その理由がお分かりだろう。

これは時間と共に良さが分かってくる味であり、そのピーティさ、パンチの強さ、強烈な刺激は万人受けしないであろうことは私も認めよう。だが好きな人はとことんハマる。タリスカーストームは熟成期間は短くても、熟成感に乏しいということはない。あるいはタリスカーポートリーという選択もある。ゲール語ではPort Ruigheだが、サクソン人（イングランド人のこと）はPortreeと書く。ポート樽フィニッシュで販売数は少ないが、頑張って見つけ出すだけの価値がある1本だ。

86   Legend 伝説

デーモン・ウイスキー
The Demon Whisky

生産者：不明
蒸留所：どこかの蒸留所
ビジターセンター：本項を読み進めよ
入手方法：たぶん触れないほうが
　　　　　いいだろう

これは何だ？　デーモン・ウイスキー（悪魔のウイスキー）？　我々は禁酒運動や禁酒法がもたらした影響を忘れるべきではないし、過小評価すべきでもないと思っている。ウイスキーの伝説は、愛好家と同じくらい、反対勢力によっても特徴づけられてきたからだ。

　酔っ払いのどんちゃん騒ぎ、犯罪、病気、堕落といった扇情的なイメージが、彼らのキャンペーンのハイライトだ。19世紀初頭に、ジョージ・B・シーバーの『The Dream : or, The True Story of Deacon Giles' Distillery』（夢：あるいはディーコン・ジャイルズ蒸留所の真実、1853年）といった小冊子が幾度となく増刷されたのは、恐らく禁酒主義者たちがその有効性に気づいたからだろう。安物の蒸留酒の大量消費が社会悪であることは、彼らから見れば明らかであり、特に失業者や労働者階級の間にかなり悲惨な状況を生み出す源とされてきた。だが、こうした問題と無縁の社会集団などあるはずもなく、文学作品では社会的地位のある人物が悪魔の液体のせいで落ちぶれるという話が頻繁に出てくる。

　「悪魔の液体」というフレーズは、その後言葉として定着した。左のイラストは、1860年にエジンバラで出版されたチャールズ・マッカイの『The Whisky Demon; or, The Dream of the Reveller』（ウイスキーの悪魔；もしくは酔いどれの夢）から転載したものだ。ワッツ・フィリップスの生々しいイラスト[*1]が加えられたこの詩では、酒に溺れた者たちの運命が劇的に予言されている――悪魔には三つの家があり、お祭り騒ぎの日々を過ごした者たちは、そのいずれかで終焉を迎える運命にあるという。三つの家とは刑務所、救貧院、ハンセン病病院（「下等で、悪臭を発する、不道徳な場所」と書かれている）のことだ。

　このイラストには、ウイスキーの悪魔が不幸な信奉者たちの上を馬で駆け抜けていく様子が描かれている。暴力沙汰を起こし、子育てを放棄した彼らは、悪魔が運ぶウイスキーの樽からもう一滴だけでも恵んでほしいと、必死に泣き叫んでいる。今ではこのような風刺画を楽しんだり、禁酒小説におけるヴィクトリア調のメロドラマを冷笑することができる。だが安物のアルコールによる苦しみや、今も続くアルコール依存症の問題を考えると、笑ってばかりもいられない。恐らくアルコールの最低価格の義務付けを支持する者たちは、かつての禁酒運動の魂を受け継ぐ者たちなのだろう。彼らは同じ道徳的権威を主張している。

　安い「ウイスキー」は、さまざまな添加物が大量に加えられている。その一部は変性アルコール、セラックゴム、硫酸、靴クリームなどだ。不幸な消費者を文字通り「終わらせてしまう」物たちだ[*2]。

　多くの人の人生に「悪魔」が存在しているのだ。

---

*1 これらのイラストは禁酒活動のレクチャーの際に「幻灯機」で投影され、禁酒を誓った元アルコール依存症患者の生々しい証言と共に活用された。
*2 もし信じられないのであれば、グラスゴーのNWPが出版しているエドワード・バーンズの『Bad Whisky』（悪いウイスキー）を読んでほしい。

… 87 … **Living 現存**

ザ・グレンリベット
The Glenlivet
18年
18 Years Old

生産者：シーバスブラザーズ社
蒸留所：ザ・グレンリベット
　　　　バリンダロッホ　マレイ州
ビジターセンター：あり
入手方法：広く流通

「新鮮な空気のごとく、グレンリベットは決して飽きることがない。もし我々が日々飲むべき適正量を見出し、それを守ることができるならば、いつまでも長生きできるだろう。そして医者も教会墓地も廃れるはずだ」

ともかくこれは、「エトリックの羊飼い」と呼ばれたジェームズ・ホッグの意見だ。詩人であり、小説家でもあり、ウィリアム・ワーズワースをして「類まれなる天才だが、下品で礼を知らず、低俗で攻撃的な意見の持ち主」と言わしめた人物だ。つまり、ウイスキーライターとしての素質は十分備えていたということだ。彼は明確にザ・グレンリベットのことを指してはいなかったが（当時はまだ「ザ」が付いていなかった）、このブランドはこの地域を代表する存在になった。

1822年にエジンバラを公式訪問したジョージ4世はグレンリベットを所望したと言われているが、これは特別ひいきにしていたということではない（彼はチェリーブランデーも大好きだった）。だが国王が公然と、非合法の密造酒を並々と注いで気前よく消費したという事実は、スコッチウイスキーの運命に深く影響を与えた。実際にこれが政治情勢を動かし、1823年の（ウイスキーにとって伝説的な）酒税法の抜本的改革が可能となったのかもしれない。

このようにしてグレンリベットの評判は高まり、長年にわたって皮肉をこめて「スコットランドで一番長い渓谷（グレン）」と称された[*1]。そしてこの渓谷の名を冠したグレンリベットのオーナーは、定冠詞を付けることを判決で認められた。一方、他の蒸留所も、渓谷の名をハイフンでつないで使うことを許され、この判決を心から歓迎した。これは初期のパラサイトマーケティングの一例だ！

ここ数年、ザ・グレンリベットは売り上げを大きく伸ばしている。現在のオーナーは、スコッチウイスキーの伝説とロマンスの中核を成すグレンリベットの、大いなる遺産と歴史を強調したブランド戦略に力を入れている。彼らは「すべてのシングルモルトはここから始まった」と好んで主張しているが、十分な反論をできる人もいない。だが、いかにもコピーライターが考えたかのような文言だ。

個人的には、この蒸留所の18年物は決して飽きが来ないと思っている。簡単に探せるし、それだけの価値があるウイスキーだ。

創業者がピストル2丁を携帯する癖があったこと（護身用のため必要に駆られてだ）や、サー・ウォルター・スコットが『St Ronan's Well』（聖ロナンの泉）の中でザ・グレンリベットは「紳士が朝から飲むのに適した唯一の酒」と述べていることに、ここで詳しく触れている余裕ははない。

北の魔法使い[*2]は、最後にこのような言葉を添えている。「その味わいはすべてのフランスワインに相当する価値があり、おまけに、より心がこめられている」

[*1] 実際に一番長いのはグレンリヨンだ。私は測ったことないが。
[*2] サー・ウォルター・スコットのことだ。

88 Luxurious 高級品

ザ・ラストドロップ
The Last Drop

生産者：ザ・ラストドロップ・
　　　　ディスティラーズ社
蒸留所：なし　ブレンデッド
ビジターセンター：なし
入手方法：専門店から

これはアルコール業界の三人のベテラン、トム・ジェイゴ、ジェームズ・エスピー、ピーター・フレックが、最後の大仕事に挑む興味深い話だ。

　彼らがスコッチウイスキー業界で働いてきた年数を合計すると、120年以上になる。幸運と惜しみない努力によって、彼らは大きな成功を収めることになるだろう。魅力的なプレミアムブレンドを生み出し、莫大な利益を得て、楽しいリタイア生活を送れることだろう！

　これまでのものとは一線を画すウイスキーを造ろうと、彼らはリサーチを開始した。すると、グラスゴー近郊のオーヘントッシャン蒸留所に、非常に珍しいウイスキー樽が三つあることが分かった。こうした出自不明の謎の樽は時々出てくることがあるが、思わぬ素晴らしい結果をもたらしたりする。

　今回のケースでは、樽に入っていたウイスキーは（正確な出所は分からないが）、いずれも1960年以前に蒸留されたもので、その後1972年にマリッジされた。そしてザ・ラストドロップのチームが偶然巡り会うまでの36年間、その存在を忘れられていたのだ。

　皆さんの予想通り、天使がきちんと分け前を頂戴していたので、樽にはわずかボトル1347本分のウイスキーしか残っていなかった。そのため、彼らもみだりにいじるようなことはせず、カスクストレングスのまま（なんとアルコール度数は52％もあった）、チルフィルタレーションも行わなかった。ボトルはシンプルな箱に詰められ、素敵な冊子とミニボトルが同封された。豪華なパッケージに頼らない、上品で優れたやり方だ。そして当然ながら、このウイスキーは完売した。

　その合計年齢にもかかわらず、このチームは依然活動的で、60年物のコニャック（478本限定）を発売し、こちらも完売した。間もなくラストドロップのシングルモルトと、50年物のブレンデッドウイスキーが（388本限定で）登場する予定だ。

　これらの製品を通じて、彼らが長年にわたって積み重ねてきた知識と経験（最高のものにしか、彼らは決して自分たちの名前をつけたりはしない）に触れることができる。また、埃っぽい熟成庫の片隅に見捨てられた「迷子樽」の最後の生き残りにも巡り合える。今では樽の管理技術は大きく向上し、システムも洗練されてしまった。営業やマーケティングに関わる人々が、高級で希少性の高い製品にこれまで以上に大きな関心を寄せるようになったこともあり、このような製品はあまり出なくなるだろう。だったら、楽しめるうちに楽しんでおこう。

　頑張って探せば、どこかの免税店で見つかるかもしれない。もし熟成を重ねたブレンデッドや、リッチで深い味わいのものが好きなら、すぐに購入すべきだ。

89

Living 現存

ザ・リビングカスク
The Living Cask

生産者：ロッホ ファイン・ウイスキーズ
蒸留所：なし　ブレンデッド
ビジターセンター：インバレアリーのショップ
入手方法：上記のショップ
　　　　　もしくはインターネット

1920年7月、著名な文芸評論家でありワイン愛好家でもあったジョージ・セインツベリー教授が『Notes on a Cellar-Book』(セインツベリー教授のワイン道楽)を出版した。戦争で疲弊していた当時、この本は直ちに成功を収め、1923年までに4度重版された。その高い評価と影響力から今日でも出版され続けており、古本も手軽な価格で簡単に見つけることができる。酒のライターたちの間では、彼の名は尊敬の的だ。

　彼がウイスキーに充てたのはわずか8ページだが、何という内容だ！　そこには、彼の痛烈な意見が見て取れる(彼は「大衆が好きな、もしくはそう思わされている名の知れたブレンドに、私は関心を持ったことは一度もないし、今後も持つことはない」と述べている)。そして以下のような、到底実現困難な提案をしている。

　「(家にウイスキーを保管する)より優れた方法……それは財布とセラーが許す限りの大きさの樽を設置するのだ。バット、オクタブ(14ガロン)、アンケル(10ガロン)、もしくはもっと小さいものでも構わない。これに6年から8年熟成の美味しいウイスキーを詰めて、まっすぐに立てる。そして真ん中か少し上の位置に蛇口を設ける。中身が蛇口、またはその近くまで減ってきたら、飲み頃のウイスキーを再び詰める。ただし、あまり古いウイスキーは用いないこと」

　何て素晴らしい提案だ。何て素晴らしい可能性が樽に秘められているのだろう。だが、現在の住宅事情ではおよそ実現は難しいだろう。たとえパートナーからお許しを得たとしてもだ。

　解決策はある。ジョージ・セインツベリー教授に触発され、インバレアリーにあるロッホファイン・ウイスキーズの類まれなる経営者、リチャード・ジョインソン[*1]が、彼のリビングカスクを発売したのだ。

　イーニアス・マクドナルドの『Whisky』(ウイスキー)という詩的な本に描かれている「カスクボーイ」のイラストをあしらったロッホファイン・リビングカスクは、セインツベリーのアドバイスに忠実に従っている。フルボトルも出されたことはあったが、通常は200mlでの販売だ。当然ながら、樽に注ぎ足すウイスキーが違うので、商品も常に変化している。

　最近、ロッホファイン・ウイスキーズは全国チェーンのウイスキー店に売却された。だが、彼らはリビングカスクを今後も続けると断言してくれた。つまり、私たちはラッキーにも1本分の価格で、事実上三つの伝説にあやかることができるのだ。セインツベリーが考案し、リチャード・ジョインソンが現代風にアレンジし、イーニアス・マクドナルドの「カスクボーイ」がラベルに飾られたウイスキーだ[*2]。

　その上、味も素晴らしい。

[*1] 私が信頼しているチャールズ・マクリーンによれば、ジョインソンは「昔は魚だった」そうだ。これに関しては疑念を抱いている。(訳者注：実際には魚の養殖業者だった)
[*2] おまけとして、興味深い事実をひとつ——マクドナルドはセインツベリーと面識があった。第一次世界大戦直後にエジンバラ大学で行われた彼の講義に出席していたのだ。

90 Luxurious 高級品

ザ・マッカラン1928
The Macallan 1928
50年
Over 50 Years Old

生産者：ザ・マッカラン・ディスティラーズ
蒸留所：マッカラン　クレイゲラキ
　　　　マレイ州
ビジターセンター：あり
入手方法：オークション
　　　　　もしくは専門店から

本書にはかなりの数のマッカランを掲載していると思われるかもしれない。実際、これは全6本のうちの1本目だ（数えたから間違いない）。なぜならマッカランは、伝説的なウイスキーの父とも呼べる存在だからだ[*1]。

　現在のマッカランは、新商品に1万ポンド以上の価格をつけることを何とも思わない、超高級ブランドだ。新しい蒸留所とビジターセンターの建設に、1億ポンドを投じることもいとわない（本当に1億ポンドだ。入力ミスではない）。同時に長期的な目標として、売り上げ100万ケースの突破、そしてシングルモルトの世界的リーダーであるグレンフィディックを追い抜くことを掲げている。彼らはその栄光を保ちながらも、万人受けする立場を確立しつつあるようだ。

　だが最初からこうだったわけではない。マッカランは最近まで、一番古いウイスキーでもほとんどのシングルモルトファンが購入できるくらいの価格で販売していた。この50年物がまさにそうだ[*2]。元々はイギリス、ドイツ、フランス、アメリカで50ポンド前後で販売されていたが、評判が高まるにつれ価格も上昇した。正直なところ、この価格は1983年当時のものなので、2012年の小売物価指数を当てはめると143ポンドとなる。それでも、これなら何本か手に入れてみようかと私も思う。

　このボトルは500本限定で販売され、恐らく相当数がすでに飲まれてしまっているので、今や入手困難だ。ザ・ウイスキー・エクスチェンジ（こちらでは、わずかに残されたボトルを1本3万ポンドで売ってくれる）は「コレクターにとっては真のお宝だ。ザ・マッカラン1928の発売は、世界で最も有名なこの蒸留所自身にとっても大きな転機であり、またシングルモルトウイスキーの歴史にとっても重要な出来事として記憶され続けるだろう」と述べている。

　だからこそ本項で紹介しているのだ。6本も掲載するのはやりすぎに思われるかもしれないが（ライバルたちは確実にそう思っているだろう）、これらのボトルは、マッカランがこの30年以上一貫して伝説を生みだし続けており、業界における流行の仕掛け人であることを証明してくれている。彼らがこの先の30年もこのまま進み続けるのか、わくわくしながら見届けたいと思う。

　ちなみに、今となってはこんなボトルは造れない。このボトルはカスクストレングスの38.6％で瓶詰めされている。現在の法律では瓶詰めするウイスキーのアルコール度数は最低40％と定められているが、それをはるかに下回っているからだ。したがって私は純粋主義者の姿勢をとり、テイスティングしないことに決めた。

　私の言葉を信じたい人は、信じればいい。

[*1] 公平を期するために言っておくが、ボウモアもこれに近い存在だ。オークションではマッカランの方が高い値がついているが、ボウモアも十分な成功を収めている。
[*2] 実際には55年物だ。今ならラリックのクリスタルデキャンタにでも入れられるだろう。

91　Luxurious 高級品

ザ・マッカラン1938
The Macallan 1938

生産者：ザ・マッカラン・ディスティラーズ
蒸留所：マッカラン　クレイゲラキ
　　　　マレイ州
ビジターセンター：あり
入手方法：極めて希少

マッカランについてお伝えすることは、そのうち底をつくだろう。伝説にはこのような問題がつきものだ。辞書に載っている褒め言葉が少なすぎるのだ。
　だがこれは興味深いボトルだ。実際このボトルが「現代的な」マッカランの始まりであり、伝説的なステータスへの進化を運命づけた1本だ。1938年当時のマッカランは——当時のスコットランドの蒸留所はどこも似たような状況だったが——ブレンディング用のウイスキーしか製造していなかった。独立経営を続けており、ブレンデッドのブランドを持っていなかったマッカランは、ブレンド用のウイスキーを売買する仲介業者や、ブレンデッドのブランドを持つ他の蒸留所へのウイスキーの販売に頼っていた。そのため注意を怠れば、シーズンごとのウイスキーの生産量が多すぎたり、逆に少なくなりすぎるなど、蒸留所はいつも問題を抱えていた。
　もうひとつ書いておきたいことがある。第二次世界大戦の前、蒸留業者たちは「季節」単位で物事を考えていた。夏の「サイレントシーズン」は今より長く、自然のリズムとの結びつきがより親密だった。つまり1938年前後[*1]に明らかに何らかの出来事が起き、そのことが原因で後年、蒸留所はこのヴィンテージの在庫を大量に保有することになったのだと考えられる。
　他にも書いておくべきことがある。現在の年代物のウイスキーの流行は、割と最近になってからの傾向であるということだ。マッカランが25年物を初めて販売した時、当時としてはかなりユニークな試みだった。需要が非常に少ない（と思っていた）ので、ほんのわずかしか生産されなかった（当時はほぼ入手不可能だったのではないか）。その結果、実際にほんのわずかしか売れず、蒸留所は自分たちの考えが正しかった、需要はほとんどないのだと結論づけてしまった。
　1990年代に入って「ウイスキーロッホ」[*2]の大量のストックが販売され始めて、ようやく大きな関心を集めるようになってきた。販売とマーケティングを担う新世代の幹部たちが、このような年代物のウイスキーが売れること、そして高額な値段をつけることが可能だということに気づいたのだ。このようにして、今日私たちが目にしているような状況が生まれた。
　この控えめな飾りつけのマッカランのボトルは1980年に発売された。スコットランド、フランス、オーストラリア、ニュージーランドといった遠くの地域の代理店と契約を結んだことが、彼らの先見の明を証明している。
　これが1本1万5000ポンド以上の値をつけるウイスキーの先駆けになるとは、誰も予測していなかっただろう。このボトルを販売した人々も、自分たちが引き金となって招いた事態に、驚いてショックを受けているかもしれない。これが素晴らしいウイスキーであることは間違いないが、彼らに感謝すべきなのかどうかは分からない。

[*1] ヒトラーが絡んだ問題だろう。
[*2] これは1980年代初頭の、厳しい経費削減や蒸留所閉鎖を招いた、ウイスキーの過剰生産を表す造語だ。

92

Luxurious 高級品

ザ・マッカラン1926
The Macallan 1926
60年ピーター・ブレイク
60 Years Old Peter Blake

生産者：ザ・マッカラン・ディスティラーズ
蒸留所：マッカラン　クレイゲラキ
　　　　マレイ州
ビジターセンター：あり
入手方法：オークション

昔々——遠い歳月のかなたに消え去った、伝説のような時代の話だ——まだ独立系の会社だったマッカランは、独創的な蒸留所だった。他の会社なら恐ろしく非現実的だと見なすような、奇妙で思いも寄らないようなことを行っていたのだ。そのような奇抜な行動は、1986年の決断にも表れている。彼らは英国ポップアート界の父として有名なサー・ピーター・ブレイクがデザインしたラベルを貼った、60年物のウイスキーを12本発売したのだ。

　発売後しばらくは特に何もなかったが、1991年に驚くべきことが起きた。ある日本人コレクターでバーのオーナーをしている人物が、クリスティーズに出品された1本のボトルに、総額6250ポンドという、とんでもない値をつけたのだ。にわかには信じがたい話だが、これは当時、1本のウイスキーにつけられた世界最高額だった。その日、ウイスキーにとって非常に決定的な何かが起きたのだ。

　この成功に味を占め、彼らは1993年に再び同じことを行った。この時はイタリア人アーティストのヴァレリオ・アダミがラベルを描いた。このボトルが1996年にロンドンで開かれたチャリティーオークションに出品されると、同社の持つ世界記録を更新する1万2100ポンドで売却された。これには世界中が息を呑んだ。今日マッカランは世界で最も人気があるウイスキーだが*、これは、その基盤を固めるために慎重に仕組まれた演出だったのだ。

　これらのウイスキーが発売された当時、世間の目は懐疑的だった。ウイスキーがこのような価格で売れると信じる人はほとんどいなかったが、信じた者たちはその正当性を証明できたし、自らの信念に従って行動した彼らは、十分な見返りを得た。ブレイクのマッカランが今日オークションに出品されたら、一体いくらの値がつくのだろう。恐らく6桁は確実、ひょっとしたら25万ポンド以上の値がつくかもしれない。ちなみにブレイクのオリジナル作品の最高額と比べてみてほしい。彼の「Loelia, World's Most Tattooed Lady」（ロエリア、世界で一番タトゥーを入れた女性）は33万7250ポンドだ（2010年11月にクリスティーズで落札された）。

　ブレイクとマッカランの魅力的な関係を祝して、2012年6月に250セット限定でザ・マッカラン・アンド・サー・ピーター・ブレイク・セレブレイト・エイト・ディケードが発売された。オーク製のボックスの中を10年ごとに8つのスペースに区切り、それぞれにサー・ピーター・ブレイクが影響を受けた、もしくは彼自身が選んだ作品が、背景に描かれたり飾られたりしている。そしてそこに、各年代に蒸留されたマッカランのミニチュアボトルが入っている。ボトルにはサー・ピーター・ブレイクがデザインしたラベルが貼られており、彼のイラストと生涯をまとめた小冊子も同封されている。4500ポンドで発売されたが数日で売り切れ、すでにその価値は大きく跳ね上がっている。時代も変わったものだ。

＊ ザ・マッカラン広報部の皆さま、この文章は自由に引用していただいて構いません。通常通りの料金を請求させていただきます。

93　　　　　　　　　　Luxurious 高級品

ザ・マッカラン
The Macallan
シールペルデュ
Cire Perdue

生産者：ザ・マッカラン・ディスティラーズ
蒸留所：マッカラン　クレイゲラキ
　　　　マレイ州
ビジターセンター：あり
入手方法：1本のみ

こうしたスペシャルリリースは、金をかけただけの品のないものになってしまうことがある。こうした商品を買う金持ち連中に取り入ろうとするあまり、蒸留所は時々パッケージを大げさにしすぎる——つまり余計な手を加えてしまうのだ。
　私はマッカランがリリースしたすべてのラリック製品が好きなわけではない。だがこれは嗜好や美学の問題だ。ラリックやザ・マッカラン、もしくはこれらを購入する大金持ちの顧客たちは、私の意見などちっとも関心がないだろう。だが念のために言っておこう。このボトルには、優雅さと品位が備わっていると私は思う。
　ただし、このボトルは世界に1本しか存在しない。これはラリックが1930年以降用いていなかった古来の「シールペルデュ」、もしくはロストワックスと呼ばれる技法を用いて作られたもので、実物はとびきり美しい。これにマッカランの64年物のシングルモルトが詰められ、安全な水を確保するキャンペーンのチャリティー基金を集めるために、世界中を巡った。クリスタルを作るためには大量の水が必要だ。もちろんウイスキーもそうだ。そして開発途上国では、きれいで安全な水の確保が急務となっている。このような点を考慮すれば、これ以上似合いのパートナーはいないだろう。素晴らしいことに、集まったすべてのお金——利益だけではなく、全額——がチャリティー団体に寄付された。
　世界12の都市を巡回して行われた展示会と、オークションで集まった金額は、総額60万4105ドルとなった。ケチなパリジャンたちが出した金額が一番少なく（5000ドル）、善良な香港の人たちの金額が一番多かった（1万7470ドル）。そして2010年11月15日にニューヨークで行われたサザビーズのオークションで、このボトルは46万ドルで落札された＊。いずれも、とても素晴らしい成果だと私は思う。ラリックとザ・マッカランにとっても宣伝効果は大きかった。またこの裏では、より安い製品の売り上げも連鎖的に伸びたはずだ。だがこれだけ立派な行いが背景にあるので、それくらいの見返りは当然なのかもしれない。
　このデザインは世界にひとつしかないが、希少な年代物のウイスキーで満たしたラリックのデキャンタを自分のものにしたい人のために、マッカランはこのような製品を毎年販売している。価格は通常1万5000ポンド前後だ。聞くところによると、中身のウイスキーは飲んでしまうそうだ。では飲み終えた後の空ボトルはどうしているのか。まったく見当がつかないが、リサイクルに出されないことだけは確かだ。
　一般的に、年代物のマッカランはリッチで、優雅で、複雑な味わいがすると言われている。つまり皮肉にも、このウイスキーは水を加える必要がないのだ。加えたがる人もいないだろう。いや、これも聞いた話だが。

＊ 高額に思えるかもしれないが、実際に高額なのだ。まあ、とても大きいデキャンタだったのだ。

94　Luxurious 高級品

ザ・マッカラン
The Macallan
レプリカシリーズ
Replica Series

生産者：ザ・マッカラン・ディスティラーズ
蒸留所：マッカラン　クレイゲラキ
　　　　マレイ州
ビジターセンター：あり
入手方法：オークション
　　　　　もしくは専門店から

これは興味深く、入り組んだ物語だ。フェイクボトルを基に19世紀のウイスキーの「レプリカ」を造り、それでも罪を免れたのは、恐らくマッカランだけであろう。そう、1本を除いて、すべてがフェイクだったのだ。まずは、本物の方から話を始めようと思う。

1996年（ザ・マッカランがハイランド・ディスティラーズ社の傘下に入る直前）に、最初のマッカランのレプリカが発売された。これは当時マッカランのウイスキー職人だったフランク・ニューランズが造り出したもので、同社がオークションにて4000ポンドで落札した1874年のウイスキーの香りと味わいを再現したものだ。

今では大半の評論家が、このボトルと中身のウイスキーが本物であったと認め、オリジナルに比べ少々繊細さに欠けるものの、非常に近いレプリカに仕上がっていたと評している。ボトルは1本75ポンドで発売され、とてもよく売れた。

恐らく蒸留所の人たちはこの事実を意識していなかったと思うが、当時のマッカランは「特権的な財産」＊になり始めていた。新しいオーナーたちも、1万2000本のボトルがプレミアム価格で売れることに感銘を受け、さらなるレプリカシリーズとして1861（2001年発売）、1841（2002年発売）、1876（2003年発売）、そして1851インスピレーション（厳密に言えば、これはレプリカシリーズには入っていない）を2004年に発売した。不思議なことにこれらの商品は、極東アジア地域でしか手に入らなかった。

だが間もなくして、レプリカシリーズは恥をかくことになる。後から発売したボトルは、会社が購入した精巧な偽物を基に再現を試みたことが明らかになったのだ。要するに彼らはだまされたのだ。だが、だまされたのは彼らだけではない——信頼のあるオークションサイトにも、非常に疑わしい年代物のボトルが相次いで出回り、コレクターたちを誘惑していたのだ。ライターのデイブ・ブルームの功績により偽物が販売されていたことが暴かれ、マッカランは博識なウイスキー愛好家やコレクターたちからの信頼を大きく失った。

だがマッカランの世界的な人気は、このような古くて保守的なウイスキー評論家の影響力を上回っており、この論争がブランドの将来に長期的な影響を与えることはほとんどなかった。レプリカシリーズは人知れず中止され（噂では1851インスピレーションを5番目にする予定だったが、関連性を避けるためにパッケージをやり直したそうだ）、ビジターセンターに誇らしげに展示されていた「オリジナル」ボトルたちは密かに撤去された。

こうしてレプリカシリーズは終了し、ひっそりと忘れ去られた。だがコレクターたちは今、フェイクボトルの複製品としてレプリカシリーズを面白がって買っている。なんとも皮肉なことだ！

＊ フレッド・ハーシュの『成長の社会的限界』で「特権的な財産」とは、人にどれだけ求められているかによって、その価値が決まる製品のことだと述べられている。

95

Luxurious 高級品

ザ・マッカラン
The Macallan
M・コンスタンティン・デキャンタ
M Constantine Decanter

生産者：ザ・マッカラン・ディスティラーズ
蒸留所：マッカラン　クレイゲラキ
　　　　　マレイ州
ビジターセンター：あり
入手方法：1本のみ

ザ・マッカラン・ピーター・ブレイク・ボトルの項を読んだ方は、私がこのブランドの革新性に富んだ黄金期は、過去のものだと思っていると結論づけたかもしれない。現在は大企業の傘下に入り、個人所有ではなくなっている。より安定し、将来を見越すことができるようになったが、もはや芸術家たちではなく会計士たちが経営を行うようになったと。

　正直に言うと、数年前であればそのように主張していたかもしれない。だが現在は違う。最近のマッカランは、最先端を行く急進的な魂をいくらか取り戻したように思える。彼らは以前のオーナーたちの大胆な実験をそのままなぞるような、独創的で魅力的なことをやり始めている。

　例えばファッションカメラマンのランキンとコラボして1000本限定のウイスキーを販売するなんて、他の会社は考えない。これは1本ごとにラベルが異なるが、そのほとんどは裸の女性がスチルやウイスキー樽にもたれかかっている写真が使われている。大衆紙『ザ・サン』の3ページ目に掲載されるヌード写真を強く連想させるかもしれないが、ラベルの写真はソフトポルノとも呼べないくらいのものだ。マッカランは新しいファンを開拓したのだ＊。

　このマッカラン「M」デキャンタも斬新だ。「M」はマッカランが一番新しく出した、ノンエイジの高級ウイスキーだ。スタンダードのボトル、もといデキャンタは1本3000ポンドで、直線的でモダンなデザインは伝統とは程遠いものとなっている（ただ目を細めて見ると、ブレンデッドのアンティクァリーのデザインに似ている気もする）。当然ながらこのデキャンタもラリックの作品で、ファッション、化粧品、もしくはその他の最高級品を手がけていることで有名なファビアン・バロンがデザインしたものだ。アルコール度数は44.7％だが、1940年代に蒸留したマッカランが入っていると謳っている。

　素晴らしいウイスキーなのだが、それほど際立った存在ではない。だが本来の冒険心にとりつかれたマッカランは、6リットル入るラリックのインペリアルデキャンタを4本造り出した。これはフランスのクリスタル会社が製造した中でも最大の大きさだという。いずれも熟練の職人が50時間以上かけて完成させている。立てた時の高さは70センチ、中身をいっぱいにすると重量は17キロ近くになる（中身が空になるとは想像しにくいので、大きな棚が必要になるだろう）。

　4本のうち2本はマッカランが保管し、1本はアジアの個人コレクターの手に委ねられた。4本目のコンスタンティン（他と同様、ローマ皇帝の名前がつけられた）は、香港で行われたサザビーズのオークションで62万8000ドル（38万1620ポンド）という、驚きの金額で落札された――もちろん世界最高額を記録した。さて、マッカランについてはこれくらいで十分だろう。

＊　裸の女性のおかげだろう。私が若い頃にあった、テネントのラガー・ラブリーズという缶ビール以来、スコットランドではこのようなラベルを目にすることはなかった。

96

Living 現存

ナンバーワンドリンクス社
The Number One Drinks Company

生産者：ナンバーワンドリンクス社
蒸留所：長野県北佐久郡
　　　　軽井沢蒸留所
ビジターセンター：なし
入手方法：数軒の専門店から
　　　　　ただし在庫があるうちに

ナンバーワンドリンクス社の軽井沢1964（先の記事を参照）は高くて手が出ないという方へ。この1976はシングルカスク（アルコール度数63％）で、同社の「能」シリーズの1本だ（非常に人目を引くラベルからその名がつけられた。日本の偉大な伝統芸能の能舞台に、伝統的な衣装を着て立っている演者の姿が特徴的だ）。

　ウイスキー自体は共同オーナーのデイビッド・クロールが日本から調達している。樽を決める前にテイスターによるサンプリングが行われ、その後樽を購入する。樽から瓶詰めされたウイスキーはイギリスやヨーロッパのいくつかの卸売業者へと出荷される。そこから専門店や流行に敏感なパブやバーに販売されるのだ。これはつまり、ボトルを見つけるのは難しいということだ。情報通の人たちはあらかじめ事前予約をしているし、非常に高額にもかかわらずあっという間に売り切れてしまうからだ。ボトルを手に入れたければ、素早く動かなければいけない。

　だがこのウイスキーには、そんな努力を払うだけの価値がある。もう印刷に入るので本書で取り上げたのはひとつだけだが、彼らのラベルが貼られた商品ならどれであっても自信を持っていい。

　これらのラベルについても書き留めておこう――ナンバーワンドリンクス社のパッケージは、常に素晴らしいものに仕上がっており、美的体験を高めてくれる。

　非常に運がよければ、彼らが羽生蒸留所から瓶詰めしたものが見つかるかもしれない。この蒸留所は2000年に閉鎖されたが、創業者の孫に当たる新オーナーの肥土伊知郎氏がシングルモルトを造るためにベンチャーウイスキー社を設立し、新しい蒸留所を秩父に建設した。羽生のボトルは今では大変貴重で価値がある。興味深い国からやって来た、とても魅惑的なウイスキーなのだ。肥土氏の秩父蒸留所の製品も、現在はナンバーワンドリンクス社から入手できる。

　基本的にこの会社は専門分野に特化した会社で、オーナーたちがパートタイムで経営している。これはウイスキーの世界における多様性や関心の広がりにおいても不可欠だ。その情熱、高い知識、無名だが品質の高いウイスキーを調達する手腕のおかげで、彼らの事業は今後も関心を集めていくだろう。だが彼らは自分たちが販売する製品の価値と、そこに向けられる世界的な関心の高さをよく分かっているので、値引きは一切期待しないほうがよい。

　どのようなウイスキーかよくお分かりいただけたと思うので、もう一度言っておこう。すぐに手に入れよう。うかうかしていたら逃げられてしまうぞ！

　伝説とはそのようなものだ。

97 Luxurious 高級品

トミントール 14年
Tomintoul 14

生産者：アンガス・ダンディ社
蒸留所：トミントール　マレイ州
ビジターセンター：最後に見かけたのはグラスゴーにあるマクティアーズのオークションルーム
入手方法：どうやら購入可能らしい

鋭い観察眼を持ったウイスキー愛好家の皆さんがこの項を見たら、間違いなくショックを受けてよろめくだろう。そして恐ろしい口調で「なぜトミントール14年がここに掲載されているんだ、これは伝説のウイスキーではない」とページに向かって叫ぶだろう。「バスクトンは気がおかしくなったのか？」と。

　もちろん、これは十分美味しいウイスキーだ。ハイランド地方で一番標高の高い（これは美味しさとはまったく関係ないが）トミントール村の近くにある比較的新しい蒸留所で生産されている。「優しいドラム」として知られるこのボトルは、35ポンド前後で手に入る——要するにお求めやすいということだ。これまでの説明からも明らかのように、このウイスキーは吠えかかるような荒々しさとは無縁。ピートやシェリーでずぶ濡れのモンスターではないのだ。もしかしたら控えめ過ぎて損をしているのかもしれない。「お先にどうぞ、アンガス」と言って、他のウイスキーたちから肘で押しのけられているかのように見える。

　だが2009年1月のある日、ラジオパーソナリティのサー・テリー・ウォーガン*1が朝のラジオ番組でトミントールの話題を出すことはもうないと分かると、地元のレストラン店主のドルー・マクファーソンは大いに慌てた。そして地元のウイスキーキャッスルの店主、マイク・ドゥルーリーとキャシー夫妻に、トミントールの話題性を高めるために、世界一大きいウイスキーボトルを造るべきだと訴えた。この案は一理ある、ということで手短にまとめると、彼らは巨大な105リットルのボトルと特大のコルク栓を作り、通常のボトル150本分に相当する14年物のトミントールのシングルモルトを詰めたのだ。地元の下院議員がボトルのお披露目をするために参列し、その後「世界最大のスコッチウイスキーボトル」としてギネスブックに認定された。私のコメントは控えておこう。

　この奇跡を自分の目で確かめ、ボトルに口づけしようと、多くの観光客が群れをなしてトミントールに押し掛けた。不幸にもその大混乱の中、ドイツ人のシングルモルト愛好家グループが押しつぶされ、亡くなった（これは本当か？*2）。

　2012年10月からはエジンバラのスコッチウイスキーヘリテージセンターで展示され、一般公開が終わると、グラスゴーにあるオークション会社マクティアーズへと引き渡され、2013年12月に売りに出された。落札価格は10万ポンドから15万ポンドくらいと見積もられていた。

　言いづらいが……このボトルは売れなかった。マクティアーズのスティーブン・マッギンティは、ものの見事に控えめな表現で「今日は入札したいと思う人がいない日だったのだ」とコメントした。

　伝説のウイスキーはそう簡単には造れないようだ。

---

*1 この男を少し休ませてあげよう。71歳だったのだ。頼むよ。
*2 よく考えてみれば、これは私の空想かもしれない。だが十分起こりえたことだ。

98

Lost 幻の一本

ウイスキーガロア！
Whisky Galore!

生産者：数多くの異なる会社が
　　　　　ボトルを積み込んだ
蒸留所：なし　戦前の積荷なので
　　　　　ブレンデッドが含まれる
ビジターセンター：バラ島に行き、
　　　　　　　　　海を眺めていれば
　　　　　　　　　見つかるかもしれない
入手方法：オークション　希少品

リバプールのT&Jハリソン社が所有する8000トンの貨物船、SSポリティシャン号は、1941年2月3日にリバプールを出航した。行き先はジャマイカのキングストンとアメリカのニューオーリンズで、貨物として2万8000ケースのウイスキーを積んでいた。船はスコットランド西岸沖のアウターヘブリディーズ諸島にあるエリスケイ島の付近で座礁し、積荷の大半は島民によって引き揚げられた（皆さんの視点からすれば「略奪」かもしれない）。この難破船、ウイスキーの回収、そしてその後の当局による貨物引き揚げに向けた努力（船には紙幣も積みこまれていた）といった一連の騒動は、コンプトン・マッケンジーが1947年に出版した小説のモデルとなり、イーリング・スタジオが制作した映画『Whisky Galore!』（ウイスキーガロア）は多くの人に愛された。

　話の大部分は実話に基づいている。島民たちがウイスキーを「解放」したという部分はロマンスの霧に包まれているが、最終的にSSポリティシャン号が爆破された時点でどれだけのウイスキーが持ち去られ、どれくらい残っていたのか、正確なことは誰にも分からない。

　だが戦時中という非常時だったため、島民に回収されたすべてのウイスキーがすぐに飲まれたことは間違いないだろう。当局が回収にあまりにも躍起になったおかげで、とっとと消費してしまうのが一番正しい選択肢だと思ったはずだ。事実、70年以上前のヘブリティーズ諸島の島民たちにとっては、ウイスキーをコレクションするなんて考えは完全に理解不能だっただろう。

　それでも1980年代に行われた海底の引き揚げ作業で、32本のボトルが回収された。写真のボトルは1987年11月にサウスユーイスト島の潜水夫、ドナルド・マクフィーが売りに出した8本のうちの1本で、価格は総額4000ポンド（1本500ポンド）になった。

　8本のボトルのうち2本は、2013年にグラスゴーのコレクションボトルを専門に扱うインターネットオークション、スコッチ・ウイスキー・オークションズに出品された。思い切りのいいバイヤーが1万2050ポンド（オークション主催者の手数料を加えると1万3225ポンド）で落札し、誰かさんが大きな儲けを得たのだ。

　80年代の引き揚げで回収されたボトルを使って「SSポリティシャンブレンド」が造られ、200ポンドでボトルが販売されたが、コレクションとしてはまったくそそられないものだった。

　オリジナルボトルは伝説的な代物だ。スコットランド人の神話性と彼らのウイスキーとの繋がりは、マッケンジーの小説に負うところが大きい。もし読んだことがないなら、ただちに読んでほしい。

　このウイスキーはオンザロック（英語で「座礁」の意）で楽しむのに向いている（シャレがきいてるな！）。ちなみにエリスケイ島の海岸線沿いの草地の中には、まだ何本かのボトルが隠れているかもしれない。幸運を祈る！

99　　　　　　　　　　　　Living 現存

ウィローバンク
Willowbank

生産者：ニュージーランド
　　　　モルトウイスキー社
蒸留所：ウィローバンク
　　　　南島　ニュージーランド
ビジターセンター：なし
入手方法：専門店から

正直に白状したまえ。ニュージーランド産のウイスキーがあるなんて知らなかっただろう。ましてや世界の果てに蒸留所があるなんて。ホビットと羊しかいないと思っていただろう。だがかつては、この地にささやかな産業が花開いていたのだ。

　ちょっと考えてみれば驚くようなことではない。多くのスコットランド人が入植し、風景は母国と似ていなくもなく、そして農業は駆け出しの状態だった。長い夜と寂しい日々を紛らわすために彼らはスチルを設置し、母国を懐かしんでいたのだろう。

　残念ながら、蒸留産業はそれほど栄えなかった。19世紀に一気に盛り上がりを見せたが、その後多くが事業を撤退した。それでもダニーデン[*1]に近いウィローバンク蒸留所は、1974年からモスボールに追い込まれる1997年まで、操業を続けていた。2000年、ちょうど今の長いウイスキーブームが始まりかけていた頃、当時のオーナー（ビールメーカーのフォスターズ）は蒸留器を撤去し、ラムを造るためにフィジーに送ってしまった。何という間の悪さだろう！

　当初、残された樽をどうすべきか考えあぐねていたが、これらはラマーロウ、ウィルソン、ミルフォードなどのブランド名でボトリングされた。ウィローバンク蒸留所の場所にかつてあった、ウォーター・オブ・リースという蒸留所名にちなんだブランドもあり（その歴史を考えると、果たして縁起のいい名前なのだろうか）、このウイスキーはリース川の「綺麗な水」が使われていると誇らしげに謳っていた。彼らは実際にスコットランドのリースを訪れたことがないのだろう（現在では町の4分の1が高級住宅地となっているが、元々は劣悪な環境で有名だった）。もしくは本物のリース川を見たことがないのだろう。川は見事に、ショッピングカートや使用済みの注射針などのゴミの宝庫となっている[*2]。

　今も残るウィローバンクのウイスキーは、ニュージーランド・モルトウイスキー社が現在も販売を続けている。ワールドウイスキーへの関心が高まっているため、同社もその恩恵にあずかっている。あまりにもニュージーランドウイスキーの認知度が上がったため、ニュージーランド・ダブルウッドという商品が発売された際は、バルヴェニーのオーナーであるウィリアム・グラント＆サンズ社から「警告状」が来る事態となった。同社が持つダブルウッドの商標権を侵害していると主張する内容だった。これに対してニュージーランド・モルトウイスキー社は、自分たちのボトルにバルヴェニーのミニチュアボトルを無料でつけ、どちらを好むかお客さんに決めてもらえるようにしたという。何ともユーモアを心得ている会社だ。

　物珍しいウイスキーとして1本買ってみて、（自称）ウイスキー通の友人を困らせてあげよう。きっと困惑するはずだ。

[*1] ニュージーランドの南島で2番目に大きな都市だ。その名はゲール語でエジンバラを意味する「Dùn Éideann」からつけられた。あるウイスキー"ジャーナリスト"が吹聴している、ダンディーとエジンバラを組み合わせた名前だというのは大間違いだ。

[*2] エジンバラ市議会の皆さまへ。これはジョークだ。私が最後に訪れた時は、まばゆい新緑にあふれた川岸を、快適な遊歩道に沿って楽しく散策してきた。これで大丈夫だろうか？

100

Living 現存

山崎
Yamazaki
12年
12 Years Old

生産者：サントリースピリッツ
蒸留所：大阪府三島郡島本町山崎
ビジターセンター：あり
入手方法：広く流通

山崎12年は、国際的に認められた初めてのジャパニーズシングルモルトだ。この成功を足がかりとし、サントリーは様々なシングルモルトやブレンデッドを販売してきた（数々の賞を受賞した「響」もそのひとつだ）。
　だが、鳥井信治郎と竹鶴政孝のどちらをジャパニーズウイスキーの父と見なすべきなのだろう？　どちらにもその資格はあるが、恐らく竹鶴のほうが有力株だろう。それまでに日本でウイスキー造りが試みられたこともあったが、竹鶴は1918年にスコットランドに渡り、グラスゴーで短期間学んだ後にロングモーン、ボーネス、ヘーゼルバーンといった蒸留所で実地経験を積み、その後帰国した。竹鶴は日本にスコッチウイスキースタイルの蒸留所を創設することを目指していたが、計画は実現できず、1923年から鳥井信治郎の元で働くこととなった。
　第一次世界大戦中に成功を収めた鳥井も、同じように質の高いウイスキーを製造することを決意し、スコットランド式の蒸留所を建設するために寛大な条件で竹鶴を雇い入れた。そして1924年11月に山崎の地に蒸留所が創業する。一般的にはここが初のジャパニーズウイスキー蒸留所だと考えられている——そして、恐らく予想通りだろうが、サントリーはこの場所を選んだのは鳥井だと信じている。だが他の有識者たちは、より経験豊富な竹鶴が選んだと信じている。現在この蒸留所は、西洋で最も有名な日本の蒸留所であり、そのウイスキーはほとんどの専門店、さらにいくつかのスーパーマーケットでも目にすることができる。
　彼らは日本初のジャパニーズウイスキー、白札（現在のサントリーホワイト）を販売した。だが1934年に二人は袂を別つ。竹鶴は自らの蒸留所をつくるべく会社を辞め、やがて余市蒸留所を創業した。彼らが産み出したふたつの会社、サントリーとニッカは、今日のジャパニーズウイスキーのトップに君臨している。
　当然のことながらサントリーのウェブサイトでは、山崎蒸留所の創設と日本ウイスキーの誕生における竹鶴政孝の功績が軽視され、自社の人間である鳥井信治郎を支持する内容となっている。だが私はウイスキー界の伝説の存在として、彼らは同列に取り上げられるだけの価値があると思う。つまずきながらのスタートではあったが、その後彼らの産み出したウイスキーは、世界的な名声を得た。実際にサントリーは（本書でもいくつか紹介した）モリソンボウモアの所有権を握り、スコッチウイスキー業界においても確かな存在感を示している。サントリーは今日のウイスキー産業における、世界屈指の会社だ*。
　山崎12年はそれ自体が伝説であり、ジャパニーズウイスキーの新たな自信を象徴する存在である。それだけでも敬意に価する。

＊　アメリカのビーム社を買収したばかりだ。

101 Legend 伝説

ディオニュソス・ブロミオス・ブレンド*
Dionysos Bromios Blend

生産者：不明
蒸留所：不明
ビジターセンター：なし
入手方法：夢の中のお楽しみ

「いつか死ぬ前に——」イーニアス・マクドナルドは『Whisky』（ウイスキー）の中で、こう記している。「列車の客室で見知らぬ旅の道連れに出会う。スコットランドの狩猟案内人か、アイルランドの田舎者といった風情だ。男はフラスク瓶、あるいはラベルの貼られていないボトルをおもむろに取り出す。そして私たちはついに、目の前に神が現れたのだと気づくだろう。男の名はディオニュソス・ブロミオス。ウイスキーの神だ」

1930年、『Whisky』という本と共にイーニアス・マクドナルドの名はどこからともなく現れた。この薄い本は、不思議にも詩的で、彼のウイスキーに対する情熱が詰まっている——その後彼は姿を消し、二度とその名を耳にすることはなかった。だが実は、そう思われていただけなのだ。マクドナルドはジョージ・マルコム・トムソンという人物のペンネームで、彼は多くの作品を執筆し、ジャーナリストとしても活躍した。厳しい禁酒主義者だった母を気遣い、別名を使うことを選んだのだ。

そんなトムソンの作品の中でも、スコットランドに対する熱烈な愛国心が最もよく表れているのが『Whisky』だ（ちなみに彼のペンネームは、ボニー・プリンス・チャーリーが従えたモイダートの7人の男から採ったものだ）。消費者の視点から書かれた初めてのウイスキー本としても、重要な意義を持つ。つまり彼の後に登場する多くのウイスキーライターは全員、彼の恩恵を受けているのだ。

この本は単なる学術書の枠には収まらない。今でも新鮮なまま、人を夢中にさせるものがあり、今日的な意味を帯びている。ブレンデッド全盛の時代に、トムソンは未来を予言するかのように「シングルモルト」の理念を支持し、現状にあぐらをかいているウイスキー業界の、味など関係なしに大量生産する有様を鋭く批判していた。そしてウイスキーは高級ワインと同じくらい丁寧に扱うべき価値があると公言していた。彼は時代の先を行っていたのだ。皆さんにはぜひ『Whisky』を手に入れてもらいたい。心からお願いする。この欲望をかき立てられる存在について最も見事に、深く掘り下げている書籍だ。伝説のウイスキーを紹介してきた最後に、彼の控えめで小さな本に触れておくのは何よりもふさわしい。

この言葉を引用して、本書を終えることにしよう。「私たちは、アクアヴィテの秘密を探るロマンチックな、終わりなき冒険の真の参加者だ——それは究極のブレンドを探す冒険である」。そしてマクドナルドは記している。「私たちはついに、目の前に神が現れたのだと気づくだろう。男の名はディオニュソス・ブロミオス。ウイスキーの神だ」。これが究極のゴールであることは、ウイスキーを愛するすべての人が認めるところだろう。だが同時に、この冒険が決して終わることのない旅であることも分かっている。それゆえに時に失望し、時に喜びを得る。なぜなら究極の伝説のウイスキー——イーニアス・マクドナルド、私、そして皆さんにとっての完璧なウイスキーというのは、伝説や神話、そして個人の想像の世界にしか存在しないからだ。

＊ アルファベット順を無視していることは承知している。だが伝説のウイスキーの最後の章として、この項で締めたかったのだ。

監修者による全ボトルの注釈と考察
土屋 守

---

1 アードベッグ1965　40年　p20

　このボトルは2005年に261本限定で販売された。樽番号3678と3679の2樽からボトリングされた39〜40年物のアードベッグで、アルコール度数は42.1%。もちろんノンチルのカスクストレングスだ。発売当初は本文でも書かれているように1本2000ポンドだったが、現在ではその4倍の8000ポンド近い値がついている。1960年代蒸留のアードベッグは非常にレアで、恐らくこれが最後の樽かと思われる。当時はまだ独自のフロアモルティングを行っており、アイラモルトの中でも"特異"なほどピーティといわれた時代だ（1974年に自家製麦はストップ）。

　文中に登場するダブルバレルは、1974年蒸留のアードベッグ2本とオリジナルの銀製カップ8個がセットになったユニークなもので、確かライフル銃を入れる革製のケースに入っていた。ケースは王室御用達の老舗メーカーの物で、統括責任者のビル・ラムズデン氏は当時「ボトルよりこの革ケースのほうが高いかもしれません」と言っていた。由緒ある銃器メーカーが、ウイスキーのための革ケースを作ったのは初めてというのが、ラムズデン氏の自慢で、「ワンセットどうですか？」と薦められたが、もちろん私に買えるはずもないし、ハンティングやシューティングの趣味もない。

---

2 アードベッグ　ガリレオ　p22

　アードベッグ・ガリレオというボトルが販売されたのは2012年秋で、これはアードベッグの宇宙実験を記念してのことだった。「無重力状態の宇宙空間でウイスキーを熟成させたらどうなるか」。アメリカの研究チームがそのために選んだのがアードベッグで、アードベッグのニューポットにオークチップを浸けこんだものを国際宇宙ステーションに運び、そこで2年間の実験を行うということだった。もちろん比較のために同じ物（試験管に詰められた）が三つ用意され、ひとつは宇宙ステーション、残りの二つはアメリカとアードベッグ蒸留所に保管された。実験の成果はまだ発表されていないが、それを記念して発売されたのが、このアードベッグのガリレオ。ノンチルの49%でのボトリングだった。

文中に出てくるステンレスケースとミニチュアは、特別に配られたもので、私も1セット、ラムズデン氏から特別に贈られた。しかし、ここに書かれているような超レアアイテムとは知らず、古くからの友人であるミニチュアコレクターにプレゼントした。私が持っているより、彼のコレクションに加えてもらうほうが、よっぽど価値があると思ったからだ。それにしても、そんな特別な限定品であるとは。もし、それを知っていたなら……。

3　ベイリーズ　ザ・ウイスキー　p24

　ベイリーズ・アイリッシュ・クリームは最も成功したアイリッシュのブランドで、世界のスピリッツ市場でもトップ10に入るほどの人気ブランドだ。
　アイルランド産飲料として、実に輸出総額の40％以上を占めていたことがあり、アイリッシュウイスキーをはるかに凌いでいた。実際にブランドとして登場したのは1970年代と、そう古くはないが、ウイスキーとクリームを混ぜるアイリッシュクリームの伝統は、何百年も前から続いていたという。今でもレシピは非公開で、ミドルトン蒸留所で造られるアイリッシュウイスキーにフレッシュミルク、そしてココア（？）以外は知られていない。ベイリーズに使われるミルクは年間数百万リットルにも及び、その量はアイルランド産ミルクの3分の1を占めるといわれるほど。
　そのベイリーズがあえて挑戦したのが、このベイリーズウイスキーだが、本文中に述べられている通り、実に短命に終わってしまった。日本ではまったく知られていない（そのはずだ……）。

4　バルヴェニー　50年　p26

　珍しいヨーロピアンオークのシェリーホグスヘッド樽で熟成されたバルヴェニーの50年物。もちろんシングルカスク（No.5576）のカスクストレングス。アルコール度数は44.1％で、たった88本だけが瓶詰めされた。

　これは"モルトマスター"として50年間バルヴェニーに勤続したデイビッド・スチュワート氏を祝福するために、特別にボトリングされたもので、1962年はデイビッドが17歳で蒸留所に入社した年。樽職人見習からスタートした根っからの叩き上げで、50年間ひとつの蒸留所に勤務することは、変化の激しいスコッチ業界では稀なこと。「樽番号5576は私と一緒に50年間、この蒸留所で成長を続けてきました。私にとって特に思い入れの深い樽です」と、デイビッドはそのセレモニーの席上で語っている。彼はシングルカスクの可能性を見出した人物のひとりで、バルヴェニー15年シングルバレルは彼がプロデュースしたもの。ラベルには1本1本デイビッドのサインが入っていた。私はそのパーティーに招待されていないが、今となっては良かったかもしれない。なぜなら「偉大でもなければ優れてもいないライターが何人か出席していた」と、イアンが書いているからだ。

5　バルヴェニークラシック　p28

　バルヴェニーはスペイサイドのダフタウン町に1892年に創業した、グラント家第2の蒸留所だ。87年に創業したグレンフィディックの姉妹蒸留所にあたる。グレンフィディックはウィリアム・グラントが家族総出で石を積むところからスタートしたが（資金がなかった）、このバルヴェニーはバルヴェニーマンションという18世紀の古い邸宅を改造して建てられた。ダフタウンには今でもバルヴェニー城という古い城の廃墟が残るが、その城の領主が町中に建てたプライベートな邸宅が、このバルヴェニーマンションだった。ラベルに描かれているのは、そのバルヴェニー城の紋章である。

　このボトルは今でも時折見かけることがあるが、当時（1980年代）はワインボトルを使うことが流行だったのだろうか。同時期にファウンダーズリザーブというボトルも出ていて、それもブルゴーニュワインのような優美なボトルだった。それにしても、このクラシックがシェリー樽でフィニッシング（追加熟成）を行っていたことは、ほとんど知られていない。私も初めて知った……。

6　ブラックボウモア　p30

　ブラックボウモアについては私にも苦い思い出がある。最初のリリースの翌年（1994年）、行きつけの池袋のディスカウント店で、ブラックボウモアが1本2万円で売られていた。当時のN店長から「10本ほど余っているので、まとめて買ってくれませんか？」と言われたが、その前年にロンドンのミルロイズ店で買って飲んでいたので、カウンターの反対側にあるボルドーのグランヴァンを買ってしまった（シャトーラトゥールとムートンだ。当時私はワインにもはまっていた！）。なぜあの時、もっと強引に薦めてくれなかったのだろうと、今でも恨んでいる。もし10本買っていたのなら……。

　第一弾（変な言い方だが）のブラックボウモアは1993年、94年、95年と3回ボトリングされた。どれも1964年蒸留のボウモアで、厳選されたシェリーカスクに詰められていた。93年リリースが2000本、94年も2000本、そして31年熟成となる95年が1812本である。前2者が50％で、95年は若干度数が落ちて49％。ブラックの名の通り、どれも黒褐色をしていた。販売価格は1本100ポンド。本文でも述べられているように、当時はほとんど注目されていなかったのだ。

　それが最初の発売から5年も経たない1990年代後半から、あっという間に値段が高騰。それでもまだ400～500ポンドで買えたが、ミレニアム以降、プライスは天文学的数字に。今では語るのも嫌になるほど高騰している。93年と95年が1本8000ポンド（！）前後で、94年が6000ポンド。3本揃ったパーフェクトのブラックボウモアは、恐らく3万ポンド近い値がつくだろう。考えてもみてほしい（いや、逆に考えるなと言うべきか）、当初の売値の100倍である。それも、たかだか20年しか経っていない。

　もし10本を20万円で買っていたら、今頃は2000万円。……今でも恨んでいると言った私の気持ちが、ご理解いただけただろうか。

7　ボウモア　1957年　p32

　ボウモア蒸留所に行くと女王の王冠印の入った樽と1957年蒸留という樽があって、単なるディスプレイ用かといつも思っていた。一度だけ1957の樽を飲ませてもらったことがあったが（トップシークレットだ）、これといった感動は受けなかった。
　2000年代に入って、その樽を見ないと思っていたら、これが54年物として2011年にボトリングされ、世の中に出てきた。たった12本だけ瓶詰めされたボウモアの1957で、もともと43年間セカンドフィルのシェリー樽で熟成された後、セカンドフィルのバーボン樽に詰めて、11年間後熟を施したものだ。
　2000年以降見なかったのは、ちょうどその頃にバーボンバレルに詰め替えていたからだろう。実は1957年に蒸留された樽は他にもあり、これは1995年に38年物としてボトリングされている。本数は861本で、そちらの度数は40.1%。この54年は42.1%ということなので、バーボン樽に詰め替えたことで度数が上がったのかもしれない。

8　ボウモア　バイセンテナリー　p34

　ボウモア蒸留所が創業したのは1779年で、これは現存するアイラの蒸留所としては最古を誇る。スコッチ全体で見ても、現存するものでボウモアより古いものは、1775年創業のグレンタレットくらいだ。そのボウモアが創立200年を記念して特別にボトリングしたのが、このバイセンテナリー。1979年のことだった。
　本文にある通り、当時ボウモアを所有していたモリソン家にとって、これは特別なボトルだった。中身については本文に述べられているが、ボトルも凝りに凝って、18世紀当時のボトルを再現している。当時はすべて手吹きガラスで、1本として同じ物がなかった。しかも暖炉の傍などに置くと熱で変形してしまう。そんな風合いを見事に再現したのが、このバイセンテナリーなのだ。私も何度か飲んだことがあるが、"空瓶コレクター"（そんなものがあるかどうか知らないが）としては、ぜひ一本持っておきたいボトルだ（グレンモーレンジィのカローデンボトルと同じくらい好きなボトルだ）。

9　ボウモア　ワン・オブ・ワン　p36

　1964年は、ボウモアにとってマジカルイヤーだったのかもしれない。この年、念願かなってスタンリー・P・モリソンはアイラ島のボウモア蒸留所を買った。買収金額と、当時の状態については本文にある通りだが、ボウモアの長い歴史の中で、モリソン家は6代目のオーナーであった（現在はサントリーがオーナー）。買収後設備を一新し、蒸留を開始したのはその年の11月だったと記憶する。

　もちろん記念すべき初年度蒸留のニューポットに、どうでもいい樽を使うはずがない。モリソン家は代々ワインのネゴシアンとして、ワインビジネスに精通していたので、選りすぐりのシェリー樽をスペインから買いつけた。新生ボウモアの揺り籠としてふさわしいものを、それこそ金に糸目をつけずに買い漁ったのだ。これがやがて伝説のブラックボウモアなど数々の名品を生むことになる。まさにこれも、スタンリー・P・モリソンが手塩にかけて育てた、いわば彼の子供のようなものなのだ。

10　ブローラ1972　レアモルトエディション　p38

　クライヌリッシュは1819年に北ハイランドのブローラの町に創業した老舗蒸留所だ。1967年に新しい蒸留所が隣に完成して、古いほうは閉鎖された。しかし本文に書いてあるようにアイラモルトの代用として、閉鎖から2年後の1969年からヘビリーピートの麦芽を仕込むようになった。これがブローラである。ややこしい話ではあるが、新しいほうを旧来のクライヌリッシュとし、古いほうをブローラと改めたのだ。新クライヌリッシュがポットスチル6基を擁する巨大な蒸留所であるのに対し、元からあるブローラはたった2基。しかも冷却装置は、伝統的な屋外ワームタブを用いていた。

　ブローラが操業していたのは1983年までで、わずか14年間の操業であった。そのため、いまではカルト的な人気を得ている。レアモルトシリーズはクラシックモルト、花と動物シリーズに次ぐ、UD社（現ディアジオ社）第3のシリーズで、20数ヵ所の希少なモルトウイスキーがカスクストレングスでボトリングされた。ブローラだけでなく、コールバーンやグレンロッキー、ヒルサイド、ノースポート、ミルバーン、ポートエレン、セント・マグダレンといった、今では幻となった閉鎖蒸留所のシングルモルトも多く含まれている。

11　ブルックラディ　X4アイラスピリット　p40

　ブルックラディ蒸留所が4回蒸留のX4というボトルを初めてリリースしたのは2008年のこと。仕込み自体は2006年から実験的に行われていた。モルトウイスキーの場合、通常の2回蒸留でアルコール度数は72〜73％。3回蒸留だと81〜82％になる（もちろん蒸留直後のニューポットの話だ）。それをあえて4回蒸留すると91〜92％になるという。

　ブルックラディは2001年5月にジム・マッキューワンたちが再開させたもので、それ以降、数々のユニークな製品を世に送り出し、世界中のモルトファンを熱くさせてきた。村上春樹氏の『もし僕らのことばがウィスキーであったなら』に登場している人物といえば、分かるかもしれない。もはやジム自身がスコッチ業界の"生きる伝説"なのだ。

　最初にリリースされたX4は熟成させていないので、スコッチと呼ぶことはできない。アイラスピリッツである。たびたび業界団体であるSWA（スコッチウイスキー協会）からクレームがつけられたが、そんなことを意に介する男ではない。その後も"挑発的な"ボトルを次々リリースし、その健在ぶりを世界中にアピールしている。

　私ならX4ではなく、イエローサブマリンをイチ押ししたいくらいだが……。

12　ケイデンヘッド　p42

　1842年にアバディーンで創業したケイデンヘッド社は、ボトラーズとしては最古の会社で、長くボトラーズの雄としてGM社（ゴードン＆マクファイル）と並び称されてきた。しかし1970年代に経営が行き詰まり、1972年にスプリングバンクを所有するJ&Aミッチェル社に買収された。以来、スプリングバンクが所在するアーガイル地方のキャンベルタウンを本拠に活動を続けている。

　代表的なシリーズに「オーセンティックコレクション」「ダッシーズ」「チェアマンズストック」などがあったが、現在はそれに「クリエイション」「スモールバッチ」「シングルカスクレンジ」などが加わっている。キャンベルタウンにある同店はイーグルサム店としても知られている。イギリス国内だけでなく、現在はデンマーク、オランダ、ドイツ、ポーランド、イタリア、スイスなど、内外に10店舗を構えるまでに成長しているのだ。

13　シーバスリーガル　25年（オリジナルボトル）　p44

　シーバスブラザーズ社は1801年にアバディーンで創業した老舗の会社で、ヴィクトリア時代には女王から王室御用達の勅許状を授けられている。シーバスリーガルというブランドが誕生したのは1909年のことで、驚くべきことに当時主流だった8年物のはるかに上をゆく25年物の超デラックスブレンドだった。当時、全盛を極めていたヨーロッパとアメリカ、カナダを結ぶ大西洋航路の豪華客船の船上で飲まれることを意識したブランドだったのだ。

　ラベルには創業年の1801という年号と、25年熟成、そしてシーバス家の紋章が誇らしげに掲げられている。しかし1920年に始まったアメリカの禁酒法で主要マーケットを失い、20年代には販売中止に。その後1940年代にブランドは復活したが、25年物は80年近く市場に出回ることはなかった（主流は12年に移っていた）。

　それを甦らせたのが現在のシーバスリーガル25年で、2007年から販売されている。オリジナルの25年を生み出したのは名ブレンダーといわれたC・S・ハワード。彼は歯が悪く医者から入歯を勧められたが、味を変えるおそれがあるとして、金属製の入歯を断わり、固い木の入歯を愛用したという。まさかオーク製ではないと思うが、まぁ、これも伝説と言えなくもない。

　ちなみに現在の25年は、マスターブレンダーのコリン・スコット氏がブレンドを手がけている。「シーバス・ミズナラ・エディション」をつくり出した人物で、日本人にとっては、こちらのほうが"伝説"かもしれない。

14　シーバスリーガル　ロイヤルサルート50年　p46

　ロイヤルサルートは1953年のエリザベス女王（2世）の戴冠式の祝典のために造られたウイスキーで、その時に鳴らされた21発の王礼砲（これがロイヤルサルート）にちなみ21年熟成が謳われていた。しかし、この時すでに将来のゴールデンジュビリー（50周年）を見越して特別の樽が仕込まれていた。それがこのロイヤルサルート50年で、戴冠から50年経った2003年に255本限定で販売された。これは当時日本にも3本だけ輸入されて、1本100万円で売られたことは意外と知られていない。

　ゴールデンジュビリーにふさわしく、大きな金色のエンブレムが使われ、ボトルには1本1本すべてシリアルナンバーが入っていた。そのシリアルナンバー1番の特別なボトルは女王陛下ではなく、本文に書かれているエドモンド・ヒラリー卿に捧げられた。女王戴冠の年に、人類史上初のエベレスト登頂を成し遂げた男で、その功績によりサーの称号を与えられている。

　もちろんイギリス隊が威信をかけて挑んだヒマラヤ遠征で、式典セレモニーの前日にヒラリーとシェルパのテンジン・ノルゲイの二人が、8848メートルの山頂に立ったことが報告された。その栄誉を称えて女王自らがヒラリー卿にシリアルナンバー1番を、と言ったそうだが、このボトルはのちにチャリティーオークションにかけられ、3万ドルで落札された。ヒラリー卿が、その後の人生をかけた"ヒマラヤントラスト"に全額寄付されるためだった。

　ボトルのエンブレムはよく見ると通常のシーバス家の紋章ではなく、イギリス王家（スコットランド王家）の象徴である立獅子が描かれている。

15　コンバルモア　28年　p48

　コンバルモアは1894年にスペイサイドのダフタウン町に創設された蒸留所で、一時期ブラック＆ホワイトで有名なブキャナンズ社の所有となっていたが、その後DCL社が買収。しかし長く閉鎖が続き、ようやく1960年代に再開。しかしそれもつかの間で1985年に閉鎖され、1990年に隣接するバルヴェニー蒸留所のオーナー、ウィリアム・グラント＆サンズ社が、土地も建物もすべて買い取り、同社の倉庫として利用してきた。内部の蒸留設備はすべて取り外され、今後再開されることはないが、まだ若干の樽が残っており、ブランド権を所有するディアジオ社や、ボトラーズから時折ボトリングされ、市場に出てくる。

2005年に3900本限定でボトリングされたこの28年物（1977年蒸留のカスクストレングス）は飲んだことはないが、ボトラーズ物を数種類飲んだことがあり、特に30年前後のものに優れたものが多かった印象がある。閉鎖されてすでに30年。イアンではないが、飲むならまさに今のうちである。

16　カティサーク　p50

　写真のボトルは2013年に発売となったカティサークの新商品、プロヒビション。プロヒビションとは禁酒法のことで、1920年から33年まで続いたアメリカの禁酒法にちなんだもの。その廃止80周年を記念したのがこのボトルだが、なぜ80年という中途半端な年だったのだろう……。従来のグリーンのボトルに山吹色のラベルというデザインを一新、スタイリッシュな黒と白で統一されている。度数もブレンデッドとしては珍しい50%というのも、好感が持てる。

　実際飲んでも、このクラスのブレンデッドとしては秀逸な仕上がりだ。カティサークはロンドンの老舗ワイン・スピリッツ商、ベリー・ブロス&ラッド社（BBR）が、アメリカ市場向けに1923年に開発したスコッチウイスキー。禁酒法時代のアメリカに密輸するために選ばれたのが、アル・カポネなどのギャングから信頼が厚かったビル・マッコイ船長。彼の持ち込むウイスキーは「本物だ！」ということで、"リアル・マッコイ"なる言葉も生まれたほど。イアンがアル・カポネもお気に召したに違いないと言っているのは、そういうことだ。

17　ダリントバー　p52

　ダリントバー蒸留所はキャンベルタウンのクイーンストリートに1832年、レイド&コルヴィル社によって建てられた蒸留所だ。かつてキャンベルタウンには30を超える蒸留所がひしめき合い、"スコッチのメッカ"とまで言われたが、アメリカの禁酒法や不況の影響で、相次いで閉鎖。このダリントバーも1919年にウエストハイランド社に買収されたが、不況の波には勝てず1925年に閉鎖。現在は壁の一部を残すのみである。

　キャンベルタウンというとニッカウヰスキーの創設者、竹鶴政孝が3ヵ月間修業したことで有名だが、その時に竹鶴が修業したのは、当時最大といわれたヘーゼルバーン蒸留所。1920年の2月から5月までで、当時キャンベルタウンには14の蒸留所が操業中と、「竹鶴ノート」には書かれている。ヘーゼルバーンからダリントバーまでは歩いてすぐの距離なので、竹鶴もダリントバーを見ていたかもしれない。

18　ダラスドゥー　p54

　ダラスドゥーは1898年に創業した蒸留所で、創業者はアレクサンダー・エドワーズだったが、文中で述べられているように、直後にグラスゴーのブレンダー、ライト&グレイグ社に売却されている。

　当時エドワーズはオルトモアやベンローマック、クレイゲラキ、ベンリネス、オーバンのオーナーでもあり、不況の波をまともに被ってしまった。ライト&グレイグ社はロデリックドゥーというブランドを持っており、その原酒蒸留所としてダラスドゥーは運営されることになった。しかし、その後DCL社に吸収され、再び1980年代に襲った経済不況により83年に閉鎖。その3年後の86年に、歴史的建造物を保護・管理するヒストリックスコットランドに売却され、現在は蒸留所博物館として一般に公開されている。2013年に一度生産再開を検討したが、やはり現在のEUの衛生基準に合わず、計画は断念されている。

　蒸留所には立派な売店やティールームがあり、そこではロデリックドゥーのボトルも売っている。もちろん文中にもある通り、ヒストリックスコットランドが復刻したレプリカウイスキーだが、サー・ウォルター・スコットのファンや、往年のボトルを懐かしむ愛好者には人気が高い。ここに行かなければ買えないというのも、人気の秘密だろう。

19　ダルモア　50年　p56

　ダルモアは北ハイランドのアルネス町に1839年に創業した蒸留所で、創設したのはアレクサンダー・マセソンだったが、1860年代以降はマッケンジー・ブラザーズ社によって運営されてきた。比較的経営は順調で、1960年にホワイト＆マッカイ社と合併し、ダルモア・ホワイトマッカイ社となったが、80年代以降、幾度もオーナーが変わり、その間に目まぐるしく社名が変わった。2007年にインドのUBグループが買収して落ち着くかと思われたが、子会社のキングフィッシャー航空の赤字が響いて、売りに出されることに。市場ではディアジオ社や日本のサントリーが買収に動くと見られていたが、2014年5月にフィリピンのエンペラドール社が買収に成功し、現在は同社の傘下となっている。

　このダルモア50年は、1928年蒸留、1978年ボトリングの50年物で、美しいクリスタルデキャンタ入り。アルコール度数は52.0％で、60本だけ瓶詰めされた。ダルモアが最も安定していて、経営が順調にいっていた頃の貴重なウイスキーでもある。

20　ダルモア　トリニタス　p58

　トリニタスとは『三位一体』のことで、このボトルは2010年にたった3本だけ販売された。当初の販売価格は1本10万ポンド（当時のレートで約1300万円）。その後文中にあるようにハロッズでは12万5000ポンドで売られたという。もちろん1本の価格としては過去最高金額であった。これには1868年、1878年、1926年、1939年の原酒が混ぜられていて、一番若い1939年物が熟成64年ということだった。

　ホワイトマッカイのマスターブレンダーであるリチャード・パターソン氏によって慎重にブレンドされ、最後の2年間は特別に作られたアメリカンホワイトオークの9リットルの樽に詰めて、後熟が施された。もちろん、作りたての新樽ではなく、年代物のマツサレム・オロロソシェリーとペドロヒメネスによって、二重に風味づけが行われていた。どちらもヘレスのゴンザレス・ビアス社のシェリーで、それだけでも4〜5年は経過しているだろう。

　パターソン氏が言う通り、「もう2度とつくれない至高のウイスキー」であることは、間違いないのだが……。この場合は長年の友人であるリチャードよりも、イアンの言い分に軍配をあげたい気がする。なぜなら、私も飲んでいないからだ。

21　デュワーズ　ホワイトラベル　p60

　ジョン・デュワー&サンズ社の創業は1842年。しかし家業が大きく発展したのは2代目のアレクサンダーとトミーの二人の兄弟の時代であった。兄のアレクサンダーが生産とブレンドを受け持ち、弟のトミーがセールスを任された。弱冠21歳という若さでロンドンに進出したトミーは、持ち前のウィットとユーモア、類まれなるアイデアと行動力で、瞬く間にロンドンで成功を収めた。後に兄弟は二人とも国会議員となり、貴族にも叙せられているが、特にトミーはロンドンっ子に愛され、どこに行っても人気の的だった。彼のスピーチは『デュワリズム』と称され、連日ロンドンの新聞や週刊誌を賑わせた。「仕事ほど楽しいものはない」「女性には手紙を書くな。そうすれば恐れることはない」といったトミーの言葉は、今も人々に語り継がれている。
　このホワイトラベルが誕生したのは1906年のことで、これが今日のデュワーズの繁栄を決定づけた。かつてアメリカのホワイトハウスには「いつもデュワーズが常備されている」と言われたが、それがこのホワイトラベルである。ホワイトラベルというネーミングを考え、それをホワイトハウスに売り込んだのも、トミー・デュワーなのだ。まさに、そういう意味ではスコッチの伝説の一本にふさわしい。

22　ドランブイ　15年スペイサイドリキュール　p62

　ドランブイ15年スペイサイドリキュールは、通常のドランブイと違ってベースにスペイサイドの15年物のウイスキーを使ったバージョン。度数は43%で、40ポンド前後で手に入る。しかし、このボニー・プリンス・チャーリーの版画入りのブックレット（全32頁）が付いた、特別のバージョンは「ジャコバイト・コレクション」と呼ばれ、150本だけ特別につくられた。ベースとなるウイスキーは45年物（!）で、このコレクションにはイアンが書いた革製の小冊子と、"ジャコバイトグラス"と呼ばれるクリスタル製の特別グラスが付いている。ボトルも手吹きのクリスタル製デキャンタで、贅を尽したパッケージとなっているのだ。
　ジャコバイトとはスコットランド王ジェームズ7世（在位1685～89年）の復活を願う、スコットランド独立派のことで、1715年と45年に反乱を起こした。ボニー・プリンス・チャーリーは1745年の2度目の反乱の主謀者で（ジェームズ7世の孫にあたる）、この時は1746年にカローデンで敗れるまで、連戦連勝が続いた。その勢いはロンドンのバッキンガム宮殿にも届くほどだったが、カローデンの敗北で潰えて

しまった。以後、スコットランドの山奥で密造が盛んになり、スコッチの歴史にも多大な影響を与えた。ちなみにジャコバイトとはジェームズのラテン語読みからきている。英語でいえばジェームズ党である。

23　フェリントッシュ　p64

　スコットランドの「国民詩人」といわれるロバート・バーンズは1759年にエアシャーのアロウェイに生まれ、1796年、37歳という若さでこの世を去った。貧しい小作農の倅で、農作業の傍ら15歳で詩作を始め、短い生涯に700篇近い作品を残したといわれる。バーンズの代表作には『ハギスに捧ぐ』や『タム・オ・シャンター』『二十日鼠』など、土地の風習や文化、農作業にまつわるものが多く、「農民詩人」ともいわれた。

　この『スコットランドの酒』もそのひとつで、バーンズは作品の中でナショナルドリンクであるウイスキーのことを高らかに歌い上げている。その中の一節がダンカン・フォーブスとフェリントッシュについて言及したフレーズで、このことでフェリントッシュ蒸留所とダンカン・フォーブスの名前は永遠の命を与えられた。

　フェリントッシュの免税特権が奪われたのは1784年で、当時バーンズは25歳。詩人として、その地盤を固めていた時期で、毎晩のようにパブにくり出しては、青年会の仲間と談論風発。その時、仲間と杯を重ねていたのが、品質は高いが、他の酒よりは安かったフェリントッシュウイスキーだったのだろう。……スコットランドの国民酒が奪われる。バーンズの嘆きと、イングランド政府に対する強い対抗心が見てとれる。

24　修道士ジョン・コー　アクアヴィタエ　p66

　ウイスキーに関する人類史上最古の文献といわれるのが1494年のこの「修道士ジョン・コーに8ボルの麦芽を与え……」という文章だ。これはジェームズ4世（在位1488～1513年）の時代に書かれたもので、仔牛の革にラテン語で記されている。当時スコットランドの王室では、英語はまだ公用語になっていなかったからだ。

　8ボルのボルは穀物などを測る古い単位のことで、脚注にもあるように現在の単位に直すと約500kgになる。つまり0.5トン。イアンは現在の大麦では、純粋アルコールに換算して350リットルほどのスピリッツができるとしているが、現在の品種、例えばオプティックなどの、1トン当たりのアルコール収量は400～410リットル。したがって0.5トンでは200リットルくらいとなる。1494年当時に使われていた麦芽の品種は分からないが、現在のものと比べてデンプン含有量も少なく、醸造・蒸留技術も劣っていたので、その半分以下と考えて間違いないだろう。いずれにしろ当時は嗜好品ではなく、アクアヴィタエは"命の水"として、ペストの特効薬、消毒用、防腐用と考えられていたのだ。

　この文書から500年後の1994年、スコッチ業界は"スコッチ生誕500周年"と銘打って、多くのイベントを行った。今から考えると不況のど真ん中で、それほど盛り上がったとは言い難いが、各社が500周年アニバーサリーの特別ボトルを販売し、なんとかウイスキー消費の向上につなげようとした。一方で、ジョン・コーとそのリンドーズ修道院の保護・修復には金を出し渋った、とイアンは言っているのだ。今では考えられないことだ。

25　ジョージ・ワシントン　マウントヴァーノン・ウイスキー　p68

　アメリカの初代大統領ジョージ・ワシントンがウイスキーを造っていたなんて、日本ではほとんど知られていない。いや1999年に本格的な発掘調査が始まるまでは、アメリカ人もほとんど知らなかった。場所はヴァージニア州のマウントヴァーノン。8000エーカー（約980万坪）にも及ぶ広大な敷地の一角。2005年にはほぼ発掘調査は終わり、翌年から再建計画がスタート。2007年に当時をほぼ忠実に再現したジョージ・ワシントンの蒸留所が復元された。

　ここのすごいところは、単なる博物館ではなく、実際に当時と同じ製法でウイスキーを造っていること。マッシュビル（穀物混合比率）は本文に出ている通りで、マ

ウントヴァーノンで穫れたライ麦やトウモロコシを使って、忠実に再現された銅製の単式蒸留器で2回蒸留を行う。これはワシントンD.C.のスミソニアン博物館に展示されている18世紀の本物のスチルを、ケンタッキー州ルイヴィルのヴェンドーム社が復元したもので、当時と同じ、薪を使った直火焚き蒸留を採用している。もちろん、そのウイスキーは蒸留所の売店で売られているが、ハーフボトル（375ml）で1本95ドルという、驚きの価格だ。私も何度か飲んだことがあるが、お世辞にも旨いとはいえない。あくまでも歴史のひとコマ、文化として飲むべきなのだろう。

それにしても、動画の中に登場するジェームズ・アンダーソン役の役者には笑える。イアンが言う通り、これではスコットランド人ではなく、アイリッシュ系移民のアメリカ人だ。それもディズニー映画に出てくるようなキャラクターなのだ。

26 ガーヴァン　シングルグレーン　p70

南西スコットランド、エアシャーのガーヴァン郊外に建てられたのが、ガーヴァン蒸留所で、操業開始は1963年。当初は写真に見える旧式のコフィースチルでグレーンウイスキーを生産していたが、現在はスーパーアロスパス2セットを含む、計3セットの連続式蒸留機が稼働し、年間約1億リットルのスピリッツを造っている（100%アルコール換算）。最大手のディアジオ社が所有するキャメロンブリッジと並ぶ最大規模のグレーンウイスキー蒸留所で、現在はアイルサベイというモルトウイスキー蒸留所、ヘンドリックスというジン製造所も敷地内に併設している。

かつて同敷地内にはレディバーンというモルト蒸留所もあったが、70年代に閉鎖。それに代わって2008年に創業したアイルサベイがモルトウイスキーを生産している。軍需工場と言っているのは、かつてこの地には火薬製造工場があり、その建物の一部が現在も残っているからだ。高台にある蒸留所からは、沖合いにあるアイルサクレイグ島がよく見える。この島はカーリングのストーン（石）を切り出す島として有名だ。

27　グレンスペイ　1896シーズン　p72

　グレンスペイがスペイサイドのローゼス町に建設されたのは、1878年のこと。創業者のジェームズ・スチュワートはその後マッカランのオーナーとなり、このグレンスペイを手放している。買ったのがロンドンのW&Aギルビー社で（1887年）、グレンスペイはロンドンの会社が買った最初のスコッチ・モルトウイスキー蒸留所となった。その後IDV社の所有となり、ブレンデッドスコッチ、J&Bの重要な原酒となっている。こことストラスミル、ノッカンドオが、今でもJ&Bのキーモルトとなっているのだ。

　写真のボトルはギルビー社が他のブレンド会社にサンプルとして出したもので、蒸留年は1896年。モルトウイスキーのミニチュアとしてはこれが最古かと思われる。グレンスペイはローゼスに所在する4蒸留のひとつで、1919年4月、エルギンに滞在していた竹鶴政孝が見学に訪れた蒸留所でもある。

28　グレンエイボン　スペシャルリキュール　p74

　グレンエイボンはスペイ川中流域、バリンダルロッホ地区のエイボン川の傍にあった蒸留所で、1852〜58年の短期間のみ操業していたといわれる。確かなことは何ひとつ分かっていないが、当時のライセンス登録者はジョン・スミスで、一説にはザ・グレンリベットを創業したジョージ・スミスの私生児という。しかし、1859年ミンモアに今日のザ・グレンリベットが築かれるにあたり、スミス家の施設はすべて同地に集約。そのため、このグレンエイボンは閉鎖されたのではないかと言われている。

　そのグレンエイボンのボトルが2006年のボナムズのオークションに出品されたのだ。持っていたのは北アイルランドのアーマーに住む老婦人。ラベルがあまりにも奇麗なことと、中身がほとんど減っていないことから真贋論争が起きたが、このボトルが特殊なサイズ（14フルイドオンス、約400ml）であることと、どうせ偽物をつくるなら、こんなマイナーな蒸留所を選ぶはずがないという、もっともな意見もあり、今日では本物と見なされている。

　ちなみにゴードン＆マクファイル社から、グレンエイボンというモルトウイスキーが出ているが、これはGlen Avonと2語で綴り、この19世紀に実在した蒸留所とはなんら関係はない。

29　グレンファークラス　ファミリーカスク　p76

　スペイサイドのベンリネス山の麓にグレンファークラス蒸留所がオープンしたのは1836年のこと。グラント家の土地をリースしてロバート・ヘイが創業した。しかし65年のヘイの死後、地主であるグラント一族が直接経営にあたることになり、以降6代にわたってジョンとジェームズ（当主は交互にジョンとジェームズを名乗る）のグラント家が運営してきた。家族経営の独立系蒸留所としてはキャンベルタウンのスプリングバンクに次ぐ長さを誇っている。そんな一族の誇りを象徴するのが、2007年に発売開始となったファミリーカスクシリーズ。1952年から94年まで、43種類のヴィンテージボトルが販売されたが、現在は97年まで増えて46種類となっている。

　グレンファークラスはガスによる直火焚き蒸留とシェリーカスクにこだわる蒸留所で、このファミリーカスクも9割以上がシェリーのバット樽から。少量だがフォースフィルのシェリー樽と、セカンドフィル以降のバーボン樽も含まれている。彼らのカテゴリーでは、これらの樽は"プレーンカスク"ということになる。それはともかく、これだけのヴィンテージが切れ目なく揃っているのはグレンファークラスだけだろう。自分の生まれ年のヴィンテージを探してみるのも一興である。ちなみに私の生まれ年である1954ヴィンテージは50万円以上だ。

30　グレンフィディック　12年　p78

　ダフタウン出身のウィリアム・グラントが1887年に創業したのが、このグレンフィディック蒸留所。ゲール語で『鹿の谷』の意味があり、雄鹿のマークと緑の三角形のボトルで、その後のシングルモルトブームを牽引してきた。グレンフィディックがシングルモルトとして初めて販売されたのは1963年のこと。「風味の強いシングルモルトがスコットランド以外で飲まれるはずはない」という、業界の大方の見方に反し、80年代以降着実にその売上げを伸ばし、現在は年間110万ケースを販売し、シングルモルトのナンバーワンブランドの座に君臨しつづけている。

　2015年には、1963年当時のボトルが復刻販売されて話題となった。当時はシングルモルトという言い方は一般消費者になじみがなく、ストレートモルトという表記が使われていたこと、その後長くピュアモルトという言葉が使われていたことなど、シングルモルト生誕50年の歴史を語る、貴重な証言者でもある。そういう意味ではもちろん、スコッチを語る上で欠かせない伝説の一本なのだ。

31　グレンフィディック　1937年　p80

　グレンフィディック1937年は、ジョージ6世（エリザベス2世の父）の戴冠式の年に仕込まれた特別な樽で（樽番号843）、以来64年の長きにわたって、慎重に熟成を重ねてきた。2001年の10月24日にボトリングされたが、その時には樽の底にたった61本分しか残っていなかったという。残りの700本分近くは貪欲な天使が飲んでしまったのだ。

　販売されたのは翌2002年だが、本文にも書かれているように当時としては最長の、そしてもっとも高いシングルモルトであった。当初の販売価格は1万ポンド。しかし、すべて完売し、現在はオークションでたまに見かけるくらい。最近のオークションでは、1本6万ポンド近い値がつくことも珍しくなく、今後ますますその値段は高騰するものとみられている。

　このボトルは飲んだことがないが、1991年に販売されたグレンフィディック50年物は飲んだことがある。これは1941年蒸留の樽からだったが、あまりの美味しさ、余韻の長さに感動したのを憶えている。グレンフィディックも数々の伝説のボトルをリリースしているのだ。

32　グレンフィディック　ジャネット・シード・ロバーツ・リザーブ　p82

　グレンフィディックの創業者ウィリアム・グラントの孫にあたるジャネット・シード・ロバーツさんが亡くなったのは2012年4月。彼女は1901年8月生まれで、享年110歳であった。2011年8月、110歳の誕生日を祝うために11本だけボトリングされたのが、彼女の名前を冠したこのジャネット・シード・ロバーツ・リザーブで、1955年蒸留の55年物。足して110になるように、すべてが計算されていた。この11本のボトルは、すべてチャリティー用で、オークションに登場するたびに、過去のオークション記録を塗り替えている。

　ジャネットさんはエジンバラ大学とグラスゴー大学の法科を出た法律の専門家で、晩年はウィリアム・グラント&サンズ社の広報担当も務めていた。1991年のグレンフィディック50年物の発売記念セレモニーで一度だけお会いしたことがあるが、笑顔の素敵な老婦人だった。当時すでに90歳だったが、記念すべきシリアルナンバー1番と2番のボトルは、彼女自身が昔ながらの器具を使って瓶詰めし、ラベルにサインも入れていた。その前年にオープンしたキニンヴィ蒸留所のテープカットを

行ったのも、ジャネットさんである。ウィリアム・グラント＆サンズ社にとって、彼女自身が伝説の存在だったのだ。

33　グレンモーレンジィ　1963ヴィンテージ　p84

　グレンモーレンジィ1963は最初のヴィンテージシリーズで、もっと重要なのは同蒸留所としては最初のウッドフィニッシュだったということだ。グレンモーレンジィといえば"樽のパイオニア"として、今日のウッドフィニッシュ物の創始者のように思われているが、本書にある通り、バルヴェニークラシックのほうが、この1963（瓶詰めは1987年）より数年前から市場に出回っている。

　ただし、ここでイアンが述べているのは、そのオリジナルボトルのほうではなく（写真はそのオリジナルだが）、2013年に再ボトリングされた、「1963 リボトルド」のほうである。真偽のほどは分からないが、50本ほど倉庫に残っていたこの1963のオリジナルボトルを、そっくりそのまま新しいボトルに詰め替え、シルバーのラベルと豪華な箱に入れ替えて販売したものだ。

　1963のオリジナルボトルが今でもオークションサイトなどで700ポンド前後で手に入るのに対し、この再ボトルの売値は1700ポンド近くで、その差額が1000ポンドほどなのを、イアンは嘆いているのだ。ただし若干の補足をすれば、現在はネットオークションでオリジナルボトルも1200ポンドほどの値がつくので、その差は縮まっているとも言える。オリジナルのボトルはバーボンカスクで22年間の熟成の後、1年ほどスパニッシュオークのシェリー樽でウッドフィニッシュさせた23年物であった。

34　グレンモーレンジィ　ネイティブ・ロスシャー　p86

　ネイティブ・ロスシャーのロスシャーとはグレンモーレンジィ蒸留所が所在する北ハイランドの州名のことで、「ロス州生まれ」とでも言うべきか。
　グレンモーレンジィはスコットランドで一番飲まれているシングルモルトで、特にロス州出身者に、こよなく愛されてきた。18〜19世紀に起こったハイランドクリアランスで故郷のロス州を追われた人々は、イングランドや遠くアメリカ、カナダ、そしてニュージーランド、オーストラリアへと渡って行ったが、彼らが好んで飲んだのが、グレンモーレンジィだったのだ。
　このボトルは本書の著者であるイアン・バクストンが同社でマーケティング担当をしていた時代につくられたボトルで、1991年から95年までの5年間だけ生産された。当時としては珍しいシングルカスクのカスクストレングスのボトルで、共通しているのは10年熟成ということだけである。トータルで何回ボトリングされたか分からないが、それぞれに、樽ごとの違いを味わう楽しみがあった。
　樽はすべてバーボンカスクで、ファーストフィルとセカンドフィルの二つがあったと認識している。ただ、残念ながらグレンファークラス105やアズ・ウィ・ゲット・イット、SMWSのボトルほどには話題にならなかった。イアンは自分がクビになってすぐにボトルは回収されたと書いているが、実際には95年まで生産されていたのだ。

35　グレンモーレンジィ　ウォルター・スコット　p88

　スコットランドの3大文学者といえばロバート・バーンズとサー・ウォルター・スコット、そしてR・L・スティーブンソンだ。
　この中で最もウイスキーのブランドに、その作品や登場人物の名前が使われるのが、ウォルター・スコット。ざっと数え挙げただけでもアンティクァリーやロブロイ、ベイリー・ニコル・ジャービーなどキリがない。それだけ作品がスコットランド人に愛されたということなのだろう。
　1843年に創業したグレンモーレンジィが、リースのブレンダーだったマクドナルド＆ミュアー社に買収されたのが1918年。同社の創業者がウォルター・スコットの大ファンで、買収直後の1920年代に販売されたグレンモーレンジィのラベルには、中央にスコットの像が描かれていた。これは後に同社のトレードマークとなり、多くのヴィンテージシリーズなどでも使われている。エジンバラの目抜き道路に建つウォル

ター・スコット像（スコッツモニュメントとして知られる）をイラスト化したもので、スコットの隣には、分かりづらいが愛犬も描かれている。
　そんなウォルター好きが高じてつくられたのが、このミニチュアボトルなのだろうか。現存する最古のグレンモーレンジィのミニチュアで、持ち上げている石は、蒸留所近くのドーノッホ湾にかかる橋のそばにある石碑だという。なぜ、このようなミニチュアがつくられたのか、一切不明である。

36　グッダラム＆ワーツ　p90

　グッダラム＆ワーツ社はかつて世界最大を誇ったカナディアンウイスキーの蒸留所で、オンタリオ州のトロントに拠点を置いていた。
　もともとイングランド人のジェームズ・ワーツとウィリアム・グッダラムが始めたビジネスだったが、1923年にハリー・C・ハッチが買収し、その4年後の1927年には同じオンタリオ州のハイラム・ウォーカー社と合併し、ハイラム・ウォーカー・グッダラム＆ワーツ社が形成された。
　アメリカの禁酒法時代に巨万の富を手に入れたが、やがて衰退。1986年にアライドライオンズ傘下となったが、カナディアンクラブを造るハイラム・ウォーカーの蒸留所以外は閉鎖。トロントの巨大な施設はその後映画のロケ地として人気を博し、ハリウッドに次ぐ世界第2位の映画撮影地となったという。
　1990年代から2000年代にかけ、当地で撮影されたフィルムは1700本にものぼる。2003年に歴史的地区として保存が決定し、現在はトロントのみならず、カナダを代表する観光名所のひとつとして一般に公開されている。

37　ゴードン&マクファイル　p92

　ボトラーズの雄として、現在のシングルモルトブームをつくってきたのがゴードン&マクファイル社（GM）で、そのGM社がシングルモルトとしては最も長熟となるモートラック70年を販売したのが2009年。これは"ジェネレーションズシリーズ"と名付けられたが、その第2弾として2011年3月にリリースされたのが、このグレンリベット70年である。

　1940年2月3日にザ・グレンリベット蒸留所で蒸留されたニューポットを、ファーストフィルのシェリーバット樽に詰めたもので、700mlのフルボトルで100本、200mlのミニボトルで175本、合計275本が販売された。当初の売値はフルボトルで1本1万3000ポンド、ミニが3200ポンドであった。ボトルシェイプも非常に凝ったもので、写真のようにティアドロップ型の特製クリスタルデキャンタに入っていた。

　エルギンのサウスストリートにある店舗とは別に、GM社は独自の瓶詰めプラントと集中熟成庫を持ち、そこでは7000樽近い貴重な樽が眠っている。さらに1993年にはフォレスにあるベンローマック蒸留所も買収し、現在は念願だった蒸留業もスタートさせているのだ。

38　グリーンスポット　p94

　ダブリンのグラフトンストリートに店を構えるワイン商の老舗（1805年創業）がミッチェル&サン社で、そこが顧客のために販売してきたのがハウスウイスキーともいえるPBのグリーンスポット。これはアイリッシュ伝統のピュアポットスチル（シングルポットスチル）ウイスキーで、スコッチと違うのは原料に大麦麦芽と大麦の2種類を使い、大きなポットスチルで3回蒸留を行うこと。

　かつては同じダブリンのジェムソン社から原酒の供給を受けていたが、1975年以降は南部のミドルトン蒸留所から供給を受けている。熟成年によってブルースポット（7年）、グリーンスポット（10年）、イエロースポット（12年）、レッドスポット（15年）の4種類があったが、アイリッシュの低迷を受け、いつしかグリーンスポットだけになってしまった。しかも年間の生産量は、わずか6000本という希少品。ほとんどがアイルランド国内で消費され、かつては入手困難なウイスキーのひとつであった。

　現在はアイリッシュ人気の復活を受けて、もう少し広く流通させるようになってき

ている。さらに文中にあるようにイエロースポット12年も、復活販売されている。

39　ハニスヴィル・ライ　p96

　ハニスヴィル・ライウイスキーとハニス・ディスティリング社について分かっていることはほとんどない。アメリカのペンシルバニアにあった蒸留所でライウイスキーと、どうやらジンも造っていたようだが、記録がほとんど残っていないのだ。しかし、ウイスキーとジンは現存する。それがこのライウイスキーで、マーケットに登場したのは、今から数年前のことだ。

　200mlのフラスコ型のサンプル瓶に詰められた150年以上前のライウイスキーとジンは、共に1本135ポンドで売られた。もちろん、すべてソールドアウトである。売主の説明によると1863年の蒸留で、その後1913年までの50年間オークバレル樽に入れられていたというが、それが真実ならば、アメリカのウイスキーとしては最長寿ということになる。はたしてバレル樽（180リットル）で50年間の貯蔵が可能かという疑問も残るが、それから先、この100年近くはカルボイ（carboy）というガラス製の容器に詰められ保存されていたというのだ。

　私自身は残念ながらこのニュースを知らなかったので飲んでいないが、150年前のライウイスキーがどんな味がするのか、飲んでみたい気がする。ちなみに1863年というと、ペリーが浦賀にやってきた10年後のことで、アメリカは南北戦争の真っ只中。リンカーンが歴史的な奴隷解放宣言をしたのが、まさにこの年だ。もともとは、北軍の兵士の喉をうるおすために造られたウイスキーだったのかもしれない。

40　響　p98

　写真の響12年が販売されたのは2009年のこと。欧米市場を意識したブランドで、日本よりも早く、ヨーロッパで先行販売された。ラベルに「響」という漢字以外、日本語を一切使っていないのも、グローバルブランドを意識していたからだ。

　生みの親は当時サントリーのチーフブレンダーを務めていた輿水精一氏。「世界のブレンデッドの主戦場は12年熟成だから、それを造ってみたかった」というのが、響12年を開発した理由だという。響ブランドそのものが誕生したのは1989年のことで。当初は17年、21年、30年物しかなかった。文中に述べられている説明は12年のことなのか、30年のことなのか判然としないが、ここで私がくどくどと説明する必要もないくらいに、すでに響は世界で圧倒的な支持を得ている。

　イアンの本では間に合っていないが、2015年3月に、さらに最新となる響ジャパニーズハーモニーが販売され、より和のテイストを追求したブレンドとして、全世界で注目を集めている。

41　ハイランドパーク　50年　p100

　ハイランドパークはスコットランド最北の蒸留所で、オークニー諸島メインランド島のカークウォールに所在する。オフィシャルの定番ボトルは12年、18年、25年、30年、40年（！）で、この50年物は2010年に275本限定で販売された。5樽のリフィル樽からのボトリングで1本の値段は1万ポンド。もうひとつのベリー・ブロス＆ラッド社（通称BBR）のボトルは、ベリーズ・オールモルト・シリーズの1本で、1952年にボトリングされたものだ。

　BBR社はロンドンの老舗ワイン・スピリッツ商で、カティサークブレンドで知られているが、同店の顧客用に多くのレア物のモルトウイスキーをボトリングしてきた。このボトルは木箱入りのトール瓶で、ラベルには同店のシンボルであるコーヒーミルが中央に描かれている。1698年創業の同店は、かつてはコーヒーや紅茶を扱う店だったのだ。今でもロンドンのセントジェームズ街3番地の本店入口には、コーヒーミルの看板が掲げられている。一方は現在のオフィシャルボトル、もう一方は半世紀以上前のボトラーズボトルだが、そのパッケージの違いは、イアンが言うように実に興味深い。この60年で、何かが大きく変わっているのだ。

42　イザベラズ・アイラ　p102

　まさしく品のないボトルの典型で、これ以上書く気が失せるが、このラグジュアリー・ビバレッジ社のウェブサイトはまだ閲覧できるようだ。それによると、この会社はこのイザベラズ・アイラの他に、世界で初めての豪華なノンアルコール飲料、ルワ（RUWA）を売っている会社とある。中身はウイスキー以上に怪しいが、ハラル・ビバレッジとあるので、酒が飲めないイスラム教徒向けということなのだろう。同じくダイヤやルビー、ホワイトゴールドで飾ったボトルで、値段はイザベラズ・アイラよりは安いものの、それでも550万ドルである。貴重なアイラモルトが詰められたイザベラズ・アイラと70万ドルしか違わない。これは中身の値段ではなく、前者が300個のルビーが使われていたのに対し、ハラル・ビバレッジの方は200個のルビーしか使われてないからだろう。

　それにしても、なぜイアンはこんなボトルを載せたのだろう。私には、それのほうが謎である。

43　ジャックダニエル　p104

　スコッチのジョニーウォーカーに次いで、世界第2位の売上げを誇るのが、テネシーウイスキーのジャックダニエル。その販売量は年間1150万ケースにも及び、ケンタッキーバーボンのジムビームの2倍近くを売っている。

　ジャックダニエルの創業は南北戦争直後の1866年。この年政府公認第1号蒸留所となった。創業者のジャック・ダニエルはウェールズ移民の子孫。13歳で自分の蒸留所を持ち、リンチバーグの現在の場所に蒸留所を創設したのは20歳の時だったという。テネシーウイスキーとバーボンウイスキーの違いは、蒸留直後のニュースピリッツを、サトウカエデを焼いてつくった炭で濾過するか否かだ。チャコールメローイングというこの製法はテネシー独自のもので、そのお陰でよりソフトで滑らかな舌触りが生まれるという。ラベルの「No.7」については諸説あって、現在のウイスキーは7番目のレシピだったからだとか、ジャックには7人のガールフレンドがいたからだとか、今も議論が絶えない。生涯独身を通したジャックが死んだのは1911年。リンチバーグを見下ろす高台にあるジャックの墓には、いまも白いガーデンチェアーが置かれている。ジャックのガールフレンドたちがやってきて、ジャックと話をするために置かれたのだと言われている。

44　ジェムソン　リミテッドリザーブ18年　p106

　ここ5～6年、アイリッシュウイスキーは目覚しい復興を遂げている。その象徴ともいえるのがジェムソンで、売上げは毎年2桁増。2013年の統計数字では400万ケースを突破し、430万ケースとなっている（1ケースは12本換算）。もちろんアイリッシュとしてはナンバーワンで、グローバルブランドとしても、スコッチのグランツに次ぐ世界第8位にランクされている。

　そのジェムソン社の創業は1780年。スコットランド人のジョン・ジェムソンがダブリンのボウストリートに蒸留所を開設したのがその始まりで、19世紀後半には世界最大の蒸留所のひとつといわれた。特にアイリッシュ移民の多いアメリカでは、長くナンバーワンウイスキーとして君臨してきた。しかし両大戦とアメリカの禁酒法、イギリスからの独立戦争で1950年代以降は衰退し、ダブリンのボウストリート蒸留所は1970年代に閉鎖されてしまった。現在は博物館のみが残っている。その後生産拠点は1975年に完成した南部の新ミドルトン蒸留所に移され、現在はここですべてのジェムソン製品が造られている。数年前にリタイアしたマスターブレンダーのバリー・クロケット氏は伝説の人物で、父がやはり蒸留所所長、マスターブレンダーをしていた関係で、生まれたのも、育ったのもミドルトン蒸留所という、いわばウイスキー界のサラブレッドでもあった。

　私も蒸留所を訪問した際に、クロケット氏からOne of One、世界に1本しかないジェムソンの樽出しをいただいたことがある。しかも、それはジェムソンの原酒となるシングルポットスチルウイスキーであった。これでジェムソンが好きにならなかったらバチが当たる。

45　ジムビーム　ホワイトラベル　p108

　バーボンウイスキーは原料の51％以上がトウモロコシで、160プルーフ（80％）以下で蒸留し、内側を焦がした新樽で熟成させるなど細かな規定があるが、ケンタッキー州以外で造ってもバーボンと呼ぶことはできる。しかし実際は、バーボンウイスキーの95％はケンタッキー州で造られているのだ。

　そのケンタッキーバーボンでナンバーワンの売上げを誇るのが、このジムビーム。年間の売上げは約690万ケース（2013年）だが、このところ毎年10％近い伸びを見せていて、当面の目標である1000万ケースを超えるのは、そう遠い将来ではないか

もしれない。その体制を強固なものとするため、2014年にサントリーの買収を受け入れ、ビームサントリー社が誕生した。新生ビームサントリーはディアジオ、ペルノリカールに次ぐ、世界第3位のスピリッツメーカーだが、世界5大ウイスキーのすべてをそのポートフォリオに持つのは、3社の中ではビームサントリーだけである。

　ジムビームの創設はもちろん1795年まで遡ることができるが、ビーム家の伝統は"子だくさん"ということだ。ビーム家は長い歴史の中で多くの蒸留技師を輩出し、ケンタッキーの他の蒸留所のバーボン造りにも深く関わってきた。どの蒸留所にもビームという名の技術者がいて、文中に60以上のブランドに彼らの影響力が及んでいると書いてあるのは、そのことを意味している。ビーム家抜きに、ケンタッキーのバーボン産業は語れないのだ。

46　ジョニーウォーカー　ブラックラベル　p110

　世界で一番売れているウイスキーがジョニーウォーカーで、レッド、ブラック、ゴールド、ブルーなどを合計すると、その販売量は2010万ケース（2013年）となり、第2位のジャックダニエルを大きく引き離している。

　同社の創業は1820年。創業者のジョン・ウォーカーがつくったのが「ウォーカーズ・オールド・ハイランド・ウイスキー」。これを商標登録して（1877年）、四角のボトルに斜めのラベルを貼って大々的に売り出したのが、2代目のアレクサンダー・ウォーカーであった。やがて3代目のアレクサンダー2世（通称アレック）が、これを発展させ、今日のジョニーウォーカー・ブラックラベルを誕生させた。1909年のことで、この時にレッドラベル（通称ジョニ赤）も同時に発売し、さらにジョニーウォーカーのシンボルともいえる"ストライディングマン"、闊歩する紳士をキャラクターとして登場させた。

　この写真のボトルは、まだジョニーウォーカーというブランド名が登場する前のボトルで、19世紀後半のボトルと推測される。文中にある通り、すでに12年熟成を謳っており、ジョニーウォーカー・ブラックラベルの原形となっていることが、よく分かる。まさに、伝説をつくった歴史的なボトルである。

47　ジョニーウォーカー　ダイヤモンドジュビリー　p112

　エリザベス女王のダイヤモンドジュビリー、戴冠60周年記念にはいくつかの会社が、60年熟成の特別ボトルを出したが、その中で最もエレガントで、最も高価だったのが、このディアジオ社のボトルだ。
　1952年から熟成を重ねてきたモルトウイスキーとグレーンウイスキーをブレンドし、特別の小さなマリーイング樽で後熟、60本だけ瓶詰めされた。ブレンドを手がけたのはジョニーウォーカーのマスターブレンダーであるジム・ビバレッジ氏。後熟樽の材質は、女王のサンドリンガム宮殿の庭から伐採されたロイヤル・イングリッシュオーク。ボトルはバカラの特製クリスタルデキャンタで、豪華な木製キャビネットに収められていた。その木箱の材は、やはり女王の夏の離宮であるバルモラル城で伐採されたカレドニアンパインと、先のサンドリンガムのオーク材が使われたという。
　何とも贅を凝らした一本で、価格は破格の10万ポンド（！）。当時のレートで1400万円近くした。売上げの一部はクイーンエリザベス奨学金トラスト（QUEST）に寄付されるということだったが、その総額は最低でも100万ポンドという巨額なものだった。

48　ジョニーウォーカー　ディレクターズブレンドシリーズ　p114

　ジョニーウォーカーのディレクターズブレンドは2008年から2013年までの6年間、毎年500本ずつ造られた特別なウイスキーだ。コンセプトは文中にも述べられているように、ジョニーウォーカーのあらゆる側面を知るための教育的なものだった。造ったのはマスターブレンダーのジム・ビバレッジ氏で、ジョニーウォーカーを構成する6つの風味ブロックを、それぞれ体験できるようにしたものだ。
　2008年の第1回目は良質のグレーンウイスキー、09年の第2回目はラガヴーリンを中心としたスモーキーでピーティなアイラスタイル。3回目はフルーティさを強調したもので、4回目はモルトとグレーンの両方がブレンドされていたが、どちらも新樽で熟成させたものだった。そして12年の5回目は熟成の若い原酒が中心で、翌年のファイナルは反対に長熟の原酒のみをブレンドしたものだった。
　一度だけビバレッジ氏のブレンダールーム（ファイフ地方のメンストリーにある）で、そのうちの3〜4種類を飲ませてもらったことがあるが、そのときはそんなに貴重

なものとは夢にも思っていなかった。「ジョニーウォーカーを知る教育的なサンプルです」と、無造作にすすめてくれたので、私もそう思って飲んでいた。今思うとトンデモナイものを飲んでしまった……。

49　軽井沢　1964年　p116

　これはカスクナンバー3603番から143本だけボトリングされた軽井沢の48年物で（2012年12月瓶詰め）、1本9000ポンド（約130万円）で販売された。しかし日本では知る人はほとんどいない。なぜならばナンバーワンドリンクス社がポーランドのワルシャワで販売したからだ（ロシアの金持ち用？）。

　軽井沢蒸留所は1955年に創業した老舗蒸留所だったが、2006年に親会社のメルシャンがキリンの傘下になったことで閉鎖が決定。残っていた800個近い樽は上述の会社に売り払われてしまった。同社は英国『ウイスキーマガジン』誌の元発行人であるマーチン・ミラー氏が興した会社で、貴重な軽井沢の樽は、すべて彼の手に委ねられることになった。日本の風土で作られ、日本の風土で育ったウイスキーが、このような形で売られていくのは、なんとも複雑な思いがする。なぜすべてを売却してしまったのか、なぜそれが外国の会社だったのか、なぜ軽井沢を閉鎖してしまったのか（今はすべてが虚しい）。悔しい思いをしている者は、私だけではないはずだ。

　2002年に東武デパートのオリジナルボトルの軽井沢を私が選定して、デパ地下のウイスキー売場で売ったことがある。それはたしか、1991年蒸留の10年物で、アルコール分60％のシングルカスク、カスクストレングスだったが、1本の価格は6000円だった。良識とは何かを、考えさせられてしまう。

50　ケネットパンズとキルバギー蒸留所　p118

　スコッチの歴史の中で重要な役割を果たしたのがヘイグ家とスタイン家である。両家は17世紀に蒸留業に参入し、18世紀初頭にはスコットランド最大の蒸留所の経営に乗り出している。ヘイグ家とスタイン家は何世代にもわたって姻戚関係を築き、ヘイグ・スタイン帝国をつくってきた。

　その両家の象徴だったのが、一族が領地を所有していたローランドのクラックマナン州に所在したケネットパンズとキルバギー蒸留所。創業はケネットパンズのほうが古く（1720年という説がある）、二つの蒸留所は姉妹蒸留所として、主にスタイン家によって運営されてきた。最盛期には850エーカー（140万坪）の農地で収穫される穀物を使って、主にロンドン向けのジン（その原酒）を造っていたという。

　ロンドンのジン業者はこのスピリッツに独自の風味づけをして、いわゆるロンドン・ジンを造っていたのだ。蒸留所の敷地面積だけでも4エーカーもあり、そこでは7000頭の牛と2000匹の豚も飼われていたという。直接的な従業員の数も300人を数え、19世紀初頭に閉鎖されるまで巨大蒸留所として君臨してきたのだ。

　ちなみにジェムソン帝国を築いたアイリッシュのジョン・ジェムソンも、ヘイグ・スタイン一族とは姻戚関係にあった。

51　キングスランサム　p120

　「キングスランサムの名は聞き覚えがないだろう」とイアンは書いているが、日本では以前からかなり流通していた。特級時代（1989年まで）のボトルは今でも見つかるし、私の『ブレンデッドスコッチ大全』（1999年、小学館）、『ブレンデッドウィスキー大全』（2014年、小学館）でも2ページを割いて取り上げている。

　かつては"ラウンド・ザ・ワールド"といって、ブレンドを完璧なものにするため、わざわざ世界一周航路の船に樽を詰んだものだ。さらに『王様の身代金』というブランド名が気に入ったのか、第二次世界大戦末期の1945年のポツダム会議の席上、ディナーで振舞われたのが、このキングスランサムだった。

　出席者は英首相のウィンストン・チャーチルとアメリカ大統領のトルーマン、そしてソビエト連邦のスターリンの三人。チャーチル流の皮肉のきいたユーモアと言うべきだが、その時のトルーマンとスターリンの顔が見てみたかった気がする。

　しかし、その頃、キングスランサムの売上げの一部はコミッションとしてマフィアの

大ボス、フランク・コステロの懐に入っていたのだ。チャーチルがそれを知っていたら、ポツダム宣言のディナーの席上でそれが選ばれていたかどうか。いやチャーチルなら、知っていて選んだかもしれない。なにしろ、希代のタヌキ親爺なのだから。

52　カークリストン　p122

　エジンバラ郊外に1795年に設立されたのがカークリストン蒸留所で、ここはかつてロバート・スタインの連続式蒸留機やイーニアス・コフィーの連続式蒸留機を導入し、グレーンウイスキーを造っていた。しかし19世紀半ばにジョン・スチュワート社に買収されてからは、ポットスチルによるモルトウイスキー造りも並行して行っている。同社は1877年のDCL社設立時のメンバーで（6社あった）、20世紀初頭まで操業を続けていたが、1920年代に閉鎖。その後DCL社のイースト製造、麦芽製造工場として利用され、現在も持ち主は替わったが、主にビール会社向けの麦芽作りが行われている。

　掲載されているボトルのラベルを見ると、製造元はジョン・スチュワート社で、「FROM MALT ONLY」とあるので、これは今でいうシングルモルトだろうか。ユニコーンとライオンがトレードマークに用いられているが、どちらもスコットランド王家の象徴で、ジョン・スチュワート社が由緒ある会社であることを物語っている。

53　レディバーン　p124

　「もっとも短命に終わった貴婦人」と称されるのがこのレディバーンで（そう称したのは私だが）、レディバーンはウィリアム・グラント＆サンズ社のガーヴァン・グレーンウイスキー蒸留所の敷地内に1966年に建造された小さな蒸留所だった。

　当時グレーン工場内にモルトウイスキー蒸留所を併設するのがトレンドで、このレディバーンも巨大な連続式蒸留機に隣接するように建てられていた。しかし70年代のウイスキーブームで、グレーンの設備が拡張されることになり、1975年に閉鎖。その後すぐに取り壊され、現在は何も残っていない。操業期間はわずか9年足らずで、もともとシングルモルトとして出荷されたのも数回しかないという超レアモルト。現在では伝説のボトルとなっている。

　そのレディバーンに代わって、2008年に誕生したのが、レディバーンよりはるかに規模の大きいアイルサベイである。2012年にガーヴァンを訪れた際に熟成庫で、残り数樽という貴重なレディバーンの樽を見せてもらった。もちろん、飲ませてはもらえなかったが……。

54　ラガヴーリン　ディスティラーズ・エディション　p126

　ギネスグループに買収されたDCL社がUD社と名前を変えたのが1987年で、その翌年の88年に100年以上続いた「伝統」に終止符を打ち、クラシックモルトと名付けられたシングルモルト6種が販売された。

　もともとグレーンウイスキーとブレンデッドでスタートしたDCL（UD）社が、シングルモルトに本気で取り組み始めた、それが最初の年だった。その時に発売されたシングルモルトはクラガンモア、ダルウィニー、グレンキンチー、オーバン、タリスカー、そしてこのラガヴーリンの6本。

　ラガヴーリンはアイラ島南岸に1816年に創業した蒸留所で、ホワイトホースの原酒工場として古くから勇名を馳せていた。アイラモルトの中でも、最もリッチで重厚、しかも当時は10〜12年熟成が主流だったのに、このラガヴーリンは16年熟成を謳っていた。

　このクラシックモルト6種は27年経った今でも変わっていないが、90年代後半にそれぞれがウッドフィニッシュのバージョンを出し、話題となった。それがディスティラーズ・エディションで、ラガヴーリンが選んだのが甘口シェリーのペドロヒメネス

樽。これは15年以上経った現在もリリースされ続けていて、毎回ボトリングの度に樽番号が違い、微妙に味が異なるのも、マニア心をくすぐる要因となっている。

　スモーキーでピーティなラガヴーリンに、さらに重厚さと甘みが加わったこのペドロヒメネス・フィニッシュ。これをイチ押しするアイラモルトファンも多い。

55　ラージメノック　p128

　私は残念ながら、この章を語る資格がない。なぜならば不幸にしてラージメノックの名前を聞いたことがないからだ（そもそも何て発音していいのか分からない）。いや正確にいうと、このボトルの写真は見たことがあるが、なんら関心を引かなかった。この手のプライベートボトルを挙げ出したら、それこそキリがない。日本には、ここに掲載されていない伝説のボトル（私がそう思っているのだが）が、それこそ何百とある。

　このラージメノックはエジンバラのハウゲートワイン店のオリジナルボトルだということだが、不明な点が多すぎる。その後ビガー（エジンバラ郊外の町名）のアーサー・ベル氏が"ウイスキーコニサーズ"の名前で、同じラージメノックのシリーズを出している。こちらのほうは主にミニチュアで、これはその世界ではわりと知られた存在だ。ボウモアだけでなく、多くの蒸留所のミニチュアがあったはずだ。このボウモアの12年は樽番号2655、シェリーカスクからのボトリングだというが（そうでないと12年でこんな色にはならない）、1967年というと、モリソンボウモア社の時代で、同時代には1964のブラックボウモアなど伝説のボトルが山のようにある。

　しかし、それはすべて30年近い長熟のボトルで、12年熟成でこのような濃いボウモアは珍しい。"瓶熟"とイアンは面白いことを言っているが、もし今飲んで美味しいとすると、瓶詰めしてから35年くらい経っていることを（1979年瓶詰め）、考慮しないといけないかもしれない。さらに当時はキャラメル添加が当たり前だったので、発売当時の味とそうとう変わっている可能性がある。

　いずれにしろ、これ以上語る資格は私にはない。ちなみに現在オークションで、このボトルは1万ポンド（200万円）近くする。語る資格を得るため、そのボトルを買うのだとすると、それは高い買い物だ。

56　ロッホドゥー　p130

　マノックモアは1971年に、SMD社（DCLの子会社）によって建てられた新しい蒸留所で、隣接するグレンロッシー蒸留所とペアで操業されてきた。本来はグレンロッシーのメンテナンス期間中だけの生産だったが、2000年以降のウイスキーブームを受け、現在は二つの蒸留所合わせて年間900万リットル近くを生産している。

　ポットスチルは計8基で、ほとんどがディアジオ社のヘイグの原酒として出荷されるため、シングルモルトとしてはほとんどボトリングされたことがない。オフィシャルでは現在、"花と動物シリーズ"の12年が知られるくらいである。

　そのマノックモアがUD社時代にリリースしたのが、このロッホドゥー。内側を2回チャーした特別な樽で熟成させたことが売りだったが、はたしてそれだけでこんなに黒褐色になるのだろうかと、当時モルトファンの間で話題になった。色のわりにボディは軽く、ややアンバランスで焦げ臭が目立つというのが、当時の飲んだ印象だった。

57　ロングモーン　p132

　ロングモーン蒸留所は1893年にジョン・ダフ社によって建てられたが、同社は1876年に創業した前掲のグレンロッシーのオーナーでもあった。グレンロッシー、マノックモア、ベンリアックはエルギンの南にあり、それぞれが隣接しあうように建てられている。

　ロングモーンといえばスペイサイドの隠れた銘酒として、昔からブレンダーの間では評価が非常に高かった。そのロングモーンで1919年4月、1週間だけ修業をしたのが竹鶴政孝である。そういう意味では、日本のウイスキー史にとって欠くことのできない蒸留所となっている。

　竹鶴が修業した当時のオーナーはジェームズ・グラントで、その後ロングモーンはザ・グレンリベット、グレングラントなどと合併し、現在はペルノリカール傘下のシーバスブラザーズ社が運営に当たっている。同社のシーバスリーガルやロイヤルサルートなどの原酒となっていて、シングルモルトとして出回る量はごく限られている。

　現在のパッケージは底の部分が革張りになった16年物だが、それ以前はラベルに蒸留所が描かれた15年物であった。ゲール語で「聖人のいる場所」という名にふさわしい、重厚なパッケージだったが、現在はすっかりモダンなデザインに変わって

しまった。往年のロングモーン・ファンからすると、やや寂しい気もするのだが。

58　マッキンレー　レア・オールド・ハイランド・モルト　p134

　アーネスト・シャクルトンとエンデュランス号の冒険は欧米ではよく知られた物語で、何冊も本が書かれているし（そのうちの2冊は日本語にもなっている）、映画やドラマにも度々登場している。このエンデュランス号の冒険は、ここに出てくる1907年の遠征のことではなく、1914年のシャクルトン3回目の南極探検のことだが、1907年の2回目の南極探検の時、シャクルトン隊がベースとしたのがロイズ岬の通称シャクルトン小屋だった。この小屋の床下から3ケースの木箱に入ったウイスキーが発見されたのが2007年で、そのうちの1箱がニュージーランドのカンタベリー博物館に運ばれ解凍作業と調査が行われることになった。

　その結果、分かったのは、このウイスキーはリースのブレンダー、チャールズ・マッキンレー商会がつくった「レア・オールド・ハイランド・モルトウイスキー」という、今でいうシングルモルトだったことだ。それもインバネスにあったグレンモール蒸留所産のモルトウイスキーだった。

　このウイスキーは、その後レプリカがつくられ全世界5万本限定で販売された。1本の価格は100ポンドで、そのうちの5ポンドが南極トラストに寄付されることになっていた。レプリカボトルは1年で売り切れ、その後2013年に、第2弾がつくられることになった。「ザ・ジャーニー」と名付けられたこの第2弾は10万本限定で、やはり価格は100ポンド。もちろん、南極トラストに5ポンド寄付されるという条件は一緒であった。

　本物を飲む機会はなかったが（当たり前だ）、二つのレプリカボトルはしっかり購入し、どちらもテイスティングしている。両者は微妙に味が違うが、近年のレプリカボトルでは、もっともロマンを感じるウイスキーであった。これだからウイスキーは面白い。どこかで見かけたら、ぜひ購入することをお勧めしたい。

59 モルトミル p136

　ケン・ローチ監督の『天使の分け前』で有名になったモルトミル蒸留所がラガヴーリン蒸留所の敷地内に建設されたのは1907年のことで、生産は翌08年から始められた。この蒸留所はラガヴーリンのオーナーだったピーター・マッキーが、ラフロイグの販売権（当時両方を持っていた）を奪われたことに腹を立て、ラフロイグをつぶしてやるとばかりに、ラフロイグと同じ蒸留所をつくり、ラフロイグと同じウイスキーを造ろうとしたものだ。そのためにポットスチルもそっくり同じにし、職人もラフロイグから引き抜いたが、結果はラフロイグとはまったく違うウイスキーになってしまった。

　興味を失ったピーター・マッキーはその後モルトミルについて関心を持つことはなかったようだが、人知れずこの蒸留所はひっそりと操業を続けてきた。ただし、それは本家のラガヴーリンがメンテナンスに入った時などに、その代用としたくらいで、1962年の蒸留を最後に閉鎖され、現在はラガヴーリンのレセプションセンターの一部として使われている。

　そんなモルトミルに、にわかにスポットが当たったのは『天使の分け前』がきっかけだったが、もし本当にモルトミルの樽が見つかったら、映画と同じくらいに1樽100万ポンドはくだらないと見られている。ボトルにして中身は恐らく10〜20本足らず。1本の値段は2000万円という、途方もないものだ。このサンプルボトルは見たことはないが、蒸留所のスタッフに配られた非売品のモルトミルのフラスクボトルは一度だけ見たことがあり、写真にも撮っている。今から25年以上前、初めてラガヴーリンを訪れた時だが、あのボトルは今、どこに行ったのだろう。私としては、そちらのほうが気にかかる……。

60 マービン・"ポップコーン"・サットン p138

　テネシー州のコックカウンティ（郡）はムーンシャイン、密造酒のメッカと全米では考えられている。その中心人物が2009年に62歳でこの世を去った"ポップコーン"こと、マービン・サットンだ。彼の密造所はコック郡のパロッツビルの山奥にあったが、捜査当局の家宅捜索によって分かったのは、1000ガロン（約3800リットル）のスチルが3基あり、800ガロンを超えるムーンシャインが貯めこまれていたことと、密造の一部は敷地内に置かれたスクラップの古いスクールバスの中でも行われ

ていたということだ。

　サットンの死は自殺と考えられているが、そのレシピを受け継ぎ、サットンの密造所があったパロッツビルで合法的に蒸留所を始めたのが、弟子のジェイミー・グロッサー。当初はコック郡で許可がおりず、州都ナッシュビルでマイクロディスティラリーを計画していたが、郡当局が最終的に折れ、パロッツビルでの操業が可能となった。

　彼らがサットンのレシピをもとに造ったのが、ホワイトウイスキーで、そのウイスキーのボトルとラベルのデザインがジャックダニエルとそっくりだったため（もちろん確信犯？）、ジャックダニエルから訴えられたのだ。彼らのウイスキーは税金をはらうことで合法となったが、精神（スピリッツ）はサットン譲りというべきなのだろう。イアンは飲みたくないと言っているが、私としてはぜひ飲んでみたい。

61　マイケル・ジャクソンブレンド　p140

　私がマイケル・ジャクソンと初めて会ったのは、グレンフィディック50年物の発売セレモニーが蒸留所で催された1991年の時だった。

　当時私はロンドンで日本語情報誌の編集長をしており、ウォレス・ミルロイやジョン・ミルロイ、マイケル・ジャクソンらと共に招待されていた。ウォレスさんは『モルトウイスキーアルマナック』の著者であり、マイケルは『モルトウイスキーコンパニオン』という本を出版したばかりだった。ジョンさんはロンドンのソーホーで「ミルロイズ」という店を経営していた。私をシングルモルトの世界に導いてくれた大恩人でもある。

　前日ハイランドのホテルに集結した私たちは、ジョンさんの呼びかけでディナーを共にした。初めて会うマイケルは一見取っ付きにくそうで、気難しそうに見えたが、酒が進むうちに、それはシャイなのだと分かった。以来いろいろな場でマイケルと会った。もちろん一緒に仕事をしたこともある。前記の本の日本語版は私が監修を務めている。「ウイスキーライヴ」では、寿司とシングルモルトのマッチングというのもやった。マイケルからリクエストがきていたからで、セミナー当日はディアジオ社のクラシックモルトを中心に6〜7種類のモルトウイスキーと寿司のマッチングを私が説明し、横でマイケルが美味しそうに寿司を食べていた。英語の通訳を入れなかったのでマイケルには私が何を言っているのか分からなかったと思うが、満足そうに「ウェルダン」（よくやった）と言ってくれたのが、嬉しかった。

　そのマイケルが亡くなって、もうじき8年になる。

62　ミクターズ　ジョージ・ワシントンが自軍の兵士に贈ったウイスキー　p142

　ミクターズは1750年代にペンシルバニア州のブルーマウンテンヴァレーで創業した蒸留所で、名門蒸留所として長く操業を続けてきた。しかし禁酒法で閉鎖。その後何度もオーナーが代わったが、現在のオーナーが復活を決定。ただしペンシルバニアでの生産は断念し、現在はケンタッキー州のルイヴィル郊外に新しい蒸留所を建設し、そこで生産を開始している。

　当初はポットスチル2基だけのマイクロ蒸留所だったが、2014年10月にヴェンドーム社製のビアスチルとダブラー（バーボン用の連続式蒸留機）を導入し、本格的にバーボンウイスキーとライウイスキーの生産に乗り出している。

　このセレブレーション・エディションは新蒸留所の開設を記念して2013年に273本限定で販売された、特別なウイスキー。20～30年熟成のバーボンを中心にブレンド（ミングリング）したもので、56.15%でのボトリングとなっている。ミクターズのロゴとシンボルマークのスチルは18金を使って直接ボトルに描かれていて、ゴージャス感を演出している。現在は日本の三陽物産が正規輸入を行っている。

63　モートラック　p144

　スコッチ業界の動きは激しい。特にここ2～3年の変動は大きくて、日々新しいニュースが発信されている。

　モートラックが長い沈黙を破ってシングルモルト市場に旋風を巻き起こしたのは2013年のことだ。突然レアオールド、スペシャルストレングス、18年、25年の4種を発売すると発表したのだ。しかもアールデコを想わせるお洒落な500mlのボトルで、値段もプレミアムの上をゆくウルトラプレミアム、通常の1.5～2倍の値付けであった。したがって、この"花と動物"のモートラック16年は終売となり、今後手に入りにくい伝説のボトルになるだろうと思われる。こんなことは書きたくないが、見つけたら今のうちに買っておいたほうがよいかもしれない。

　モートラックがスペイサイドのダフタウン町に創業したのは1823年のこと。スチルは初留3基、再留3基の計6基あるが、蒸留方法がユニークで、「職人でも理解するのに半年かかる」と言われる。特に一番奥の再留釜には魔女が棲むといわれ、これが「2.81回蒸留」という独特のシステムを可能にしている。ジョニーウォーカーの重要な原酒で、そのためシングルモルトとしてほとんど出荷してこなかったが、そっくり

そのまま、同じ蒸留所をもう一軒隣に建てたことで、シングルモルトの出荷を可能にしているのだろう。もちろん、それ以外に、「ミーティ」なモートラックの代用を、他に見つけたことも大きいのだろうか。もしかして、新しくオープンしたローズアイル？ローズアイルには、ステンレス製のシェル＆チューブコンデンサーがあり、これでヘビーなウイスキーを造ることができるからだ。

64　マックルフラッガ　p146

　マックルフラッガはイアンも書いているように、決して不味いウイスキーではない。値段もリーズナブル（25ポンド前後）で、よくできたブレンデッドモルトである。

　ただし、出自がよく分からないのだ。リリース当時の情報によると、本土産の三つのシングルモルトをブレンドし、それをフレンチオークの新樽に詰めて後熟を施したとある。その後熟場所がイギリス最北端のシェットランド諸島の、さらにその中でも一番北にあるアンスト島（北緯61度）ということになっている。

　マックルフラッガとは、そのアンスト島の北にある小さな灯台のことだ（実際は小島の名前）。まさか、その灯台に樽をおいたわけではないと思うが、どこに樽をおいたのか謎のままなのだ。ラベルに"オーバーウインター"、冬を越したとあるが、灯台で本当に冬を越したのだろうか。ブラックウッド蒸留所は当初シェットランドの中心、メインランド島に建設されるとしていたが、環境アセスメントがうまくいかず、次にアンスト島の空軍基地跡地で計画を進めていた。しかし、これも資金面で頓挫してしまった。

　現在、これとは別にマイクロディスティラリーをアンスト島に建てる計画が、元グレングラッサ蒸留所のマネージャー、スチュワート・ニッカーマン氏の手で進められている。もしかしたら、シェットランド諸島にウイスキーの蒸留所ができるかもしれない。ブラックウッドの二の舞だけは避けてもらいたいと思うのだが……。

65　ニッカ　カフェモルト　p148

　ニッカがコフィータイプの連続式蒸留機を購入したのは1962年のことで、これは西宮工場に設置された。その後もう1基(セット)買い足し、2セットを稼働させたが、1999年に西宮から現在の宮城峡蒸留所に移している。
　イーニアス・コフィー(アイルランド人)が、2塔式の連続式蒸留機を発明し、そのパテントを取ったのは1831年のこと。そのためこのスチルはコフィースチル、パテントスチルと呼ばれるが、ニッカでは伝統的にカフェスチルと呼んできた。このカフェスチルで大麦麦芽(モルト)100%のモロミを蒸留したのが、世界に例を見ないカフェモルトである。スコッチではたとえ大麦麦芽100%で仕込んでも、それを連続式蒸留機で蒸留したら、モルトウイスキーと呼ぶことはできない。それは、グレーンウイスキーである。
　このカフェモルトは2007年に欧州と日本で同時発売されたもので、総本数は3027本。そのうち日本が2031本、欧州が996本だった。世界に向けて、ニッカ独自のウイスキーを発信するということで、ラベルは手紙調のデザインとなっている。アルコール度数は55%である。
　ちなみにロッホローモンド蒸留所でも同じものを造って販売しようとした経緯があったようだが、業界の任意団体であるSWAによって、モルトウイスキーという表記は拒絶された。ロッホローモンドがSWAに加盟していなのが、その原因かもしれないとイアンは書いているが(つまり上納金を納めていないから)、結果は同じだったかもしれない。スコッチのレギュレーションは、SWAとは関係ないところに存在するからだ。

66　オールドオークニー　p150

　ストロムネス、あるいはマン・オブ・ホイ(マン・オホイ)と呼ばれた蒸留所がオークニー第二の町ストロムネスに建設されたのは1817年のこと。その後1928年に閉鎖されるまで、細々とではあるがウイスキーを生産していた。
　ウイスキーのブランド名はオールド・マン・オブ・ホイ、あるいはマコーネル社がオーナーになってからは"O.O."の愛称で親しまれるオールドオークニーが使われてきた。今でもO.O.とラベルに入った古いボトルを時折、見かけることがある。もうひとつのオールド・マン・オブ・ホイは、ホイ島の西岸にある有名なロウソク岩のことで、

オークニー諸島のシンボル的な存在となっている。高さが150メートル近くあり、かつてイギリスの世界的登山家、クリス・ボニントン氏が初登頂に成功し、話題になった（BBCがドキュメント番組を作った）。

それにしても、このポスターは素晴らしい。ウイスキーのポスターやポストカードばかりを集めた本も出ているが、これはその中でも白眉ともいえるポスターだ。オークニーを代表する詩人のマッカイ・ブラウンが、その跡地に住んでいるというのも面白い。オールドオークニーの商標使用権は現在ゴードン＆マクファイル社（GM）が持っており、ブレンデッドモルトウイスキーとして、8年物などがボトリングされている。

67　オールド・ヴァッテッド・グレンリベット　p152

スコッチの歴史において、いや世界のウイスキーの歴史において1853年という年は不滅の輝きを放っている。本文中に述べられているように、今日のブレンデッドウイスキーの原型となるアッシャーズ・オールド・ヴァッテッド・グレンリベット・ウイスキーが、この年に誕生したからだ。その後のウイスキーの歴史はブレンデッドの歴史だったと言って過言ではない。

アッシャーに刺激されて、スコットランド中にブレンド会社が誕生して（ジョニーウォーカーもバランタインもシーバスリーガルも皆そうだ）、スコッチをスコットランドの地酒から、世界の蒸留酒へと発展させた。19世紀後半のヴィクトリア時代は、そうした起業家の奇蹟の時代と言われている。

アンドリュー・アッシャーはブレンド事業で大成功し、のちにノースブリティッシュ蒸留所の会長も務めている。10万ポンドという巨額の寄付をし、当時としてはイギリス最大規模のコンサートホールが建てられたことは、本文の通りだ。エジンバラ城の真下に位置するこのコンサートホールは、アッシャーホールとして、今でもエジンバラ市民の自慢のひとつとなっている。

68　パピー・ヴァン・ウィンクル　ファミリーリザーブ23年　p154

　「アメリカンウイスキーに王族制度があるならば」というのは、パピー・ヴァン・ウィンクルという貴族っぽい名前に引っかけたイアンのジョークだが、ラベルといい、名前といい、それらしい雰囲気をかもし出しているのは事実だ。

　実際には彼らの蒸留所は存在せず、バッファロートレース蒸留所の中に小さな事務所を持ち（もちろん常駐スタッフはいない）、現当主のジュリアン・プレストン・ヴァン・ウィンクル3世が、キャデラックに乗って、ケンタッキー州内を飛び回っている。ウイスキーはすべて、バッファロートレースに委託して造ってもらっているのだ。

　私も一度ジュリアンに会ったことがあるが、どこにでもいる田舎の気さくな人物だった。このファミリーリザーブ23年は、バーボンとしてはかなりの長熟で、文中にあるように入手は困難だ。年に数本、日本に入ってくることがあるが、値段は1本3万4000円前後する。

69　パティソンズ　p156

　パティソンズ社の倒産はウイスキー史上の大きな出来事だが、詳細についてはよく分からないことが多い。なぜ偽物のウイスキーを造ったのか、なぜ多くの蒸留所がやすやすとパティソンズ社に欺されたのか……。いずれにしろ19世紀後半に花開いた一大ウイスキーブームが、これによって一時的にせよ閉塞したのは間違いない。

　ブレンド会社や蒸留所の歴史を調べていると、このパティソンズ事件の影響で倒産したり、閉鎖に追い込まれたところがいかに多いかが、よく分かる。この事件をきっかけに、急速に力をつけていったのがDCL社であり、パティソンズ社の倒産をきっかけに自らブレンド事業に進出し、ブレンデッドを売り出したのがウィリアム・グラント&サンズ社だった（誕生したのがグランツ・ファミリーリザーブ）。その対応によって、その後の運命が決まってしまったと言っていいくらいなのだ。それほど、産業全体に与えたダメージは大きかった。

70　ポートシャーロット　p158

　2001年5月にブルックラディ蒸留所が再建された時、ブルックラディではヘビリーピートのモルトにポートシャーロット、さらにフェノール値の高いウルトラヘビーなモルトにオクトモアと名付けることが、すでに決定されていた。ポートシャーロットが40ppmで、オクトモアは80〜100ppmであった。記念すべき最初の蒸留に選ばれたのが、実はこのポートシャーロットだったのだ。

　ポートシャーロット蒸留所の正式名称はロッホインダールで、当初ブルックラディもそのブランド名を採用しようとしたが、商標権が別の会社にあったため、ポートシャーロットと決めたのだ。

　同蒸留所が建てられたのは1829年で、ブルックラディより古い（ブルックラディは1881年）。同蒸留所は丸100年間運営されて1929年に閉鎖。ほとんどの建物は取り壊されてしまったが、古い熟成庫が残っていて、ここに2007年蒸留所を再建する計画が浮上した。

　実際、統括責任者のジム・マッキューワン氏が、インバーリーブンの古いスチルを見つけてきて、それを本土からポートシャーロットに運びこみ、いつ工事がスタートしてもおかしくない状態が続いていた。問題は資金面だけだったが、やがてマーク・レイニアと彼が所有していたマーレイ・マクダビッドというボトラーズ会社自体が経営危機に陥り、2012年にフランスのレミーコアントロー社がブルックラディを買収。オーナーが代わったことで、現在ポートシャーロットの再建計画は白紙に戻されている。

　いつかポートシャーロットで、再びウイスキーが造られることはあるのだろうか。全世界のアイラモルトファンの関心は、その一点に向けられている。

71　ポートエレン　p160

　ポートエレンがアイラ島の南岸、ポートエレン港のすぐ傍に建てられたのは1828年のこと。その後一世紀近くは創業者のラムゼイ家の経営となっていたが、1920年にDCL社の傘下に。1980年にはエリザベス女王の来訪という栄誉にも浴したが、1983年に閉鎖が決定。一時、復活されるのではないかという憶測も流れたが、スチルなどの設備は取り外され、ポートエレンの象徴ともいえる赤い大きなキルンのパゴダ屋根も、現在は姿を消している。海際の熟成庫はまだ残っているが、そのウエアハウス内に貯蔵されているのは、すべてラガヴーリンの樽である。

　ポートエレンが閉鎖されてすでに32年。近年はカルト的人気を呼んでいて、ディアジオ社が毎年のように出しているスペシャルリリースの2014年版（1978年蒸留の34年物）は、ついに1本1500ポンドという売値がついている。55％のカスクストレングスで、総本数は2958本。イアンではないが、私もここしばらくポートエレンは飲んでいない。

　ちなみに蒸留所のすぐ横に、1973年に建設されたポートエレン製麦所は、現在もフル生産が続けられていて、スモーキーでピーティな麦芽を同系列のラガヴーリンやカリラだけでなく、ラフロイグやアードベッグといった他社にも供給しているのだ。

72　パワーズ　ジョンズレーン　p162

　1887年に出版されたアルフレッド・バーナードの『The Whisky Distilleries of United Kingdom』という本の中には、スコットランドの蒸留所129ヵ所とアイルランドの蒸留所28ヵ所、そしてイングランドの蒸留所4ヵ所の計161のウイスキー蒸留所が網羅されている。

　初版本は完全なる稀覯本だが、リプリント版が何冊か出ており、私もそのうちの3版（3冊）を持っている。しかしイアンの言っているカツラを被ったジョン・パワーの絵については全く気づいてなかった。さっそく見てみると、本文ではなく口絵のところにその絵が確かに出ている。本文中の蒸留所のイラストと違って、非常に牧歌的で不思議な絵である。なぜパワーズの創業者の絵をこんなところに掲載したのか（もちろんバーナードがだ）、それは謎である。それはともかく、パワーズが創業したのが1791年。かつて「ダブリンのビッグ4」として、ジェムソンの好敵手だったパワー

ズが工場を閉めたのは1976年で、以来、製品は南部の新ミドルトン蒸留所で造られている。

写真のボトルはジョンズレーン・リリースで通常のパワーズと違って、アイリッシュ伝統のピュア（シングル）ポットスチルウイスキーだ。ファーストフィルのバーボンカスクと、スパニッシュオークのシェリーバット樽で熟成させたものだという。ジェムソンが主に輸出用で、アイリッシュウイスキーとしては販売量世界一を誇るのに対し、パワーズはもともとアイルランド国内向けで、今でもアイルランドで一番飲まれているのが、このパワーズだという。

73　クイーンエリザベスⅡ　ダイヤモンドジュビリー　グレングラント　p164

GM社がジェネレーションズというモートラックとザ・グレンリベットの60年物を販売したことは、すでに出ているが、エリザベス女王の戴冠60年を記念して発売したのが、このダイヤモンドジュビリーのグレングラント60年物だ。

女王がウエストミンスター寺院で戴冠する4日前の1952年2月2日、グレングラントで蒸留されたニューポットが、二つのファーストフィルのシェリーホグスヘッド樽に詰められた。樽番465と466の2樽で、465番の樽は1968年3月にエルギンのGM社の倉庫に移され、長い熟成の時を刻んできた。

それが今回のダイヤモンドジュビリーの樽で、詰められてから正確に60年後の2012年2月2日にボトリングされている。度数はカスクストレングスの42.3％で、85本のみの限定販売である。私も個人的にグレングラントのファンで、ヴィンテージイヤー（誕生年）である1954年のグラントを2本持っている。女王の樽より2年ほど若いだけであるが、値段は10分の1以下だった。

この女王のウイスキーは、もちろん特注のクリスタルデキャンタで、重厚な木箱は、女王の夏の離宮であるエジンバラのホリールード宮殿のエルムの木が使われているという。

74　ローズバンク　p166

　ローズバンクはフォース湾とクライド湾を結ぶフォース・クライド運河沿いに1798年に建てられた蒸留所で、1993年に閉鎖されるまで、3回蒸留のローランドモルトを造ってきた。しかし施設の老朽化と、住宅地がすぐ傍まで迫っていたこともあり（エジンバラの郊外住宅として、現在は再開発が進んでいる）、この年に閉鎖が決定。建物自体は現在も残っているが、内部の蒸留設備はすべて取り外されてしまった。閉鎖後、敷地と建物は英国運河トラストに売却されたが、現在はスコティッシュキャナルが管理し、数年前からここに新しい地ビール醸造所、マイクロディスティラリーの建設計画が持ち上がっている。
　アランブルワリー社が実際にプロジェクトを推進することになっているが、現在はまだビールもウイスキーも生産は行われていない（はずだ）。ローズバンクという商標権はディアジオ社が持っているため、たとえウイスキーの蒸留が可能となっても、ローズバンクという名前が復活することはない。
　オフィシャルボトルとしては"花と動物シリーズ"のローズバンクが知られたが、現在は探すのが困難である。もし見つけたら、買っておいたほうがよいだろう。レアモルトシリーズでも何種類かのローズバンクが出ているが、写真のローズバンクは1981年蒸留の20年物で、度数は62.3％。全世界6000本の限定で販売された。

75　ロイヤルブラックラ　60年　p168

　シェイクスピアの『マクベス』で有名なコーダー城のすぐ傍に1812年に建てられたのがロイヤルブラックラ蒸留所だ。創業者はキャプテン・ウィリアム・フレイザーで、19世紀後半まではフレイザー家が運営に当たっていたが、1943年にDCLの子会社であるSMD社が買収。1985年に一度閉鎖の危機に陥ったが、91年に再開が決定。その再開を祝して関係者やゲストに配られた（！）のが、このブラックラの60年物だ。
　DCL社がオーナーになる前の1924年に蒸留されたもので、1984年に62本だけボトリングされている。私も94年頃に一度飲ませてもらったことがあるが、当時は60年物のシングルモルトなんて誰も飲まないと思われていたのだ。このブラックラも熟成のピークを過ぎて、やや平板な印象だった。
　それにしても、こんなものを蒸留所の再開祝いのお土産にするというのもスゴイ。

今だったら1本5万ポンド（約1000万円）はするだろう。キャップはよく見るとスクリューキャップで、しかもブラック＆ホワイトと入っている。当時ロイヤルブラックラ蒸留所は、ブレンデッドのブラック＆ホワイトの原酒を造っていたからだろう。1998年にバカルディ社がジョン・デュワー＆サンズ社ごと買収して、現在はデュワーズの原酒蒸留所となっている。

76　ロイヤルロッホナガー　セレクテッドリザーブ　p170

　もともとロッホナガー蒸留所が建てられたのは1823年のことだったが、この蒸留所は火災で焼失。その後再建されたが、これも数年のうちに消失。1845年に、今度はジョン・ベッグによってディー川の右岸沿いに新しい蒸留所が建てられ、ニューロッホナガー蒸留所と名乗ることになった。

　これが現在の蒸留所だが、その3年後の48年にお隣のバルモラル城をヴィクトリア女王が買い取り、これを夏のレジデンスとした。それを知ったジョン・ベッグは女王に招待状を出し……というのは、本文にも書かれている通りで、これは大変有名なストーリーだ。

　その突然の訪問から数日後に女王御用達のワラント（勅許状）が授けられ、以来ロッホナガーはニューロッホナガーではなく、ロイヤルロッホナガーを名乗ることになったのだ。この辺のストーリーは、イアンの説明では分かりにくい。

　現在、ロイヤルと付くのは、このロッホナガーと前掲のブラックラの二つしかない（もうひとつグレンユーリーロイヤルという蒸留所があったが、1983年に閉鎖）。ロッホナガー蒸留所は、ディアジオ社が所有する28のモルト蒸留所の中で最小の蒸留所で、年間の生産量は50万リットル足らず。ほとんどはジョニーウォーカーブルーラベルなどの原酒で、シングルモルトはごくわずかしか出荷されていないのだ。

77　セント・マグダレン　p172

　映画『ダ・ヴィンチ・コード』で、エジンバラ郊外のロスリンチャペルはすっかり有名になり、世界中から多くの観光客が押し寄せたが、彼らがこのセント・マグダレンがマグダラのマリアから名付けられたと知ったら、こちらにも押し寄せていたかもしれない。もっとも蒸留所が直接マグダラのマリアと関係があるわけではなく、ここにあったハンセン病の病院から名付けられている。

　スコットランドには多くの蒸留所があるが、聖人の名前が付けられている蒸留所は珍しい。1795年に創業したとされるが、セント・マグダレンという名前よりは蒸留所が所在するリンリスゴーという町の名前をとって、リンリスゴーと呼ばれることも多かった。リンリスゴーはエジンバラから西へ20kmほど行ったところにある古くからの宿場町で、中心部に地名の元となった小さな湖とリンリスゴー城がそびえている。リンリスゴーという美しい響きはブリトン語（ケルト語の一種）で『湿地の中の湖』という意味があるのだとか。"悲劇の女王"といわれたメアリー・スチュワート（1542〜87年）が生まれたのがこの城で、廃墟となった現在も、多くの人に愛される観光スポットとなっている。

　実際スコットランドの城の中でも、その優美さでは一、二を争うだろう。セント・マグダレン蒸留所は1983年に閉鎖され、二つのキルンやウエアハウスは、お洒落なフラットをはじめとする高級住宅街に生まれ変わっている。このリンリスゴーのボトルは2004年に瓶詰めされたオフィシャルボトルで、1973年蒸留の30年物。度数はカスクストレングスの59.6%で、1500本だけボトリングされた。リンリスゴーという名にふさわしい、たいへん優美なボトルに仕上がっている。

78　サマローリ・ボウモア　p174

　イタリアは数々の伝説のボトルを生んできたが、このサマローリも伝説中の伝説と言っていいだろう。ボトル（樽）選びの確かな審美眼もそうだが、ラベルデザインも非常に洗練されている。同時代（1980年代）のスコットランドのボトルと比べると、そのセンスの良さは歴然だ。

　このボウモア1966は"ブーケシリーズ"と呼ばれるシリーズのひとつだが、今ではカルト的人気を誇っている。ひとつはそれがボウモアであることと、そしてアイラのウイスキーの黄金期といわれる60年代蒸留であることだ。1984年に18年物として

720本だけボトリングされたが、カスクストレングス（53%）で、その本数ということはシェリーホグスヘッド樽で2樽かと思えるのだが、詳細は明かされていない。いまではオークションで軽く4000ポンド近い値がつく。30年前に売られた当初の100倍近い値段だろう。

　サマローリ氏はイタリアのミラノ近郊に住んでいる。ビジネスの一線からは退いたが、今も健在だ。ローマの「カーサブレブ」という老舗ワイン商がサマローリボトルを独占的に販売するというので、私も一度サマローリさんの自宅を訪ねたことがある。今から数年前の話だが、孫ほども歳の違う、カーサブレブの若き店主に熱心にウイスキーの手ほどきをしている姿が印象的だった。全身から、まさにウイスキー愛があふれていたからだ。このブーケのボウモアも、その時に最後のサンプルを飲ませてもらった……。

79　スコッチ・モルト・ウイスキー・ソサエティ　ボトル　1・1　p176

　スコッチ・モルト・ウイスキー・ソサエティ（SMWS）はエジンバラの外港リースに1983年に設立された、会員組織の愛好家団体だ。ヴォルツと呼ばれる15世紀頃に建てられた古い倉庫の一室で産声をあげている。

　私が会に入ったのはロンドン時代の1990年で、毎回送られてくるニューズレターと頒布リストが楽しみであった。グリーンのボトルにヴォルツの建物が描かれた白のラベル。蒸留所名は一切明記せずにコードナンバーで分類されていた。樽を買うことができた蒸留所から順番に番号を振っていったのだ。横の数字は、その蒸留所の何番目の樽かということを示している。コードナンバー1番は彼らの趣旨にいち早く賛同し、樽を提供してくれたグレンファークラスである。

　写真のボトルは、そのファーストリリース、記念すべき第1号のボトルだ。SMWSのボトルというと、1993年に御成婚された皇太子殿下に献上されたボトルを思い出す。ちょうど日本支部の選定に来日していた関係者からコンタクトがあり、どうしてもお祝いのボトルを献上したいという。そこで当時懇意にさせていただいていた私の母校、学習院大学のH学長に頼んで、非公式に殿下に渡してもらった。西洋史が専門だった学長のもとに、月に1〜2回殿下が通われていたのを知っていたからだ。正確な番号は覚えていないが、それはコードナンバー27番のスプリングバンクで、30年超のボトルだった。私にとっては思い出の1本（正確には2本あり、1本は私のものになった）であり、私がスコッチのシングルモルト、特にカスクストレングスのボトルの面白さを知った、それがきっかけでもあった。

80　スプリングバンク　1919年　p178

スプリングバンクは1828年にキャンベルタウンに設立された蒸留所で、今でも家族経営を続ける数少ない独立系の蒸留所だ。

この1919のボトルはまさに伝説のボトルで、かつては「世界一高価なボトル」として、ギネスブックにも載っていた。実は1919年蒸留の50年物のスプリングバンクは、このトール瓶の他にティアドロップ型のものもあり、そちらはアルコール度数が37.8％しかなく、今日ではスコッチと呼べないものだった。このトール瓶のほうは46％で、24本だけボトリングされたという。蒸留年は1919年12月29日で、瓶詰年月日は1970年11月25日となっている。

1919年12月29日というと、ちょうど竹鶴政孝がグラスゴーに留学している時で、例のクリスマスプディング事件が起きた直後。キャンベルタウンのヘーゼルバーン蒸留所から3ヵ月の実習が許されたばかりで、竹鶴とリタが結婚を決意した、まさにその頃だ。二人は翌1920年1月下旬、キャンベルタウンに向かうことになる……。

私がこのボトルを見たのはエジンバラのケイデンヘッド店であった。ケイデンヘッドは当時スプリングバンクの系列で、店の奥の棚にこの1919のボトルが飾られていた。その時の値段は7500ポンド。店員から「世界一のボトルだ」と聞かされたが、当時としては天文学的なその数字に、ただただ、びっくりしたのを憶えている。1990年の話だ。それが今ではオークションで5万ポンド以上の値がつく……。

81　スプリングバンク　21年　p180

スプリングバンクはキャンベルタウンモルトを今に伝える貴重な蒸留所で、現在は麦芽のピート仕様と蒸留方法を変え、スプリングバンクとロングロウ、ヘーゼルバーンの3タイプのモルトウイスキーを造っている。すべての麦芽をフロアモルティング（自家製麦）でまかなっている唯一の蒸留所で、スプリングバンクの麦芽のフェノール値は12～15ppm、ロングロウが50～55ppm、そしてヘーゼルバーンがノンピートとなっている。蒸留はスプリングバンクが2.5回蒸留で、ロングロウが2回、そしてヘーゼルバーンが3回蒸留だ。

ロングロウもヘーゼルバーンも、キャンベルタウンに実在した蒸留所で（後者はかつて竹鶴政孝が3ヵ月修業した）、どちらもブランド権はスプリングバンクが所有し、キャンベルタウンの伝統を守り通している。現在のスタッフ数は66人で、これはキャ

ンベルタウン最大の雇用主。地域経済の活性化にも尽力している。そんなスプリングバンクにも閉鎖の危機が何度もあり、かつてマイケル・ジャクソンが嘆いたように1979年から89年までの10年間、ほぼ一滴のウイスキーも造れなかった。

　2000年代に入っても、一時リーマンショックで造れなかった時期があるが、現在は年間13万リットル近くをコンスタントに造っている。さらにウイスキースクールを併設するなど、独立系の強みを生かし、次々と新しいことにもチャレンジしている。そんなところも、全世界に熱狂的なファンがいる理由だろう。

82　スプリングバンク　ウエストハイランドモルト　p182

　スプリングバンクのローカルバーレイ、通称ウエストハイランドはシェリー樽熟成で、樽番441、442、443の3樽がある。蒸留は1966年1月で、ボトリングは1990年6月。熟成24年物で、どれもシングルカスクのカスクストレングスだった。したがって度数は60.7％、61.2％、58.1％と微妙に違っている。

　このウイストハイランドの売りは、大麦もピートも石炭も、すべて地元キャンベルタウン産だったということだ。しかし発売当初はそれほど注目されず、ラベルデザインが斬新で、色が濃いウイスキーだという程度であった。私がこのボトルを買って飲んだのは1991年。編集長をしていた雑誌でシングルモルト特集をやることになり、懇意にしていたソーホーのミルロイズ店で、ジョン・ミルロイさんから薦められたからだった。その時、24本くらいのシングルモルトを取り上げたが、このボトルが一番高かったと記憶している。それでも1本70ポンド前後。それが今では3500ポンド近い値がつく。一番美味しいといわれる樽番443のボトルは6000ポンドという信じられない値段だ。元の売値の100倍近くである。

　このウエストハイランドでも、苦い経験がある。93年1月に日本に帰国することになり、その直前に行きつけのマスター・オブ・モルト店を訪れた。ケント州のターンブリッジウェルズにあった、この伝説的な店は、現在ブラックアダーの社長を務めるロビン・トゥチェック氏がオープンしたもの。よくこの店で私はシングルモルトを買っていたが、「日本に帰る」と言ったら、「ウエストハイランドが2ケース余っているから、土産に買っていかないか」と言われた。1ケース6本入りだったので、2ケースで12本。ざっと計算しても840ポンドくらい。しかし引越し荷物がかさばるのと、すでに飲んで味を知っていたので、買わずに帰ってしまった。あの時買っていたら、今頃ワンルームマンションのひとつも買えたかもしれない……。

83　スティッツェル・ウェラー　p184

　アメリカの禁酒法（修正憲法第18条）は1920年1月17日未明に発効し、1933年12月5日に失効した（修正憲法第21条）。実効期間はほぼ14年間。しかしこの禁酒法が社会や酒類産業に与えた影響ははかりしれないものがある。アメリカのウイスキー産業が全滅したのは言うに及ばず、アメリカ市場に頼っていたアイリッシュ、そしてスコッチのキャンベルタウンモルトも、次々と蒸留所が閉鎖に追い込まれた。国境を接していたカナディアンウイスキーだけが、"アメリカのウイスキー庫"として、巨万の富を手に入れた。

　このスティッツェル・ウェラー蒸留所が誕生したのは禁酒法解禁直後の1935年。ケンタッキーダービーの日（5月上旬）だった。他のバーボンと違って「小麦レシピ」を採用し、それが後の伝説を生んだ。通常バーボンはトウモロコシ、ライ麦、大麦麦芽を使うが、ライ麦のかわりに小麦を使ったのが「小麦レシピ」である。

　同蒸留所の最盛期はヴァン・ウィンクル家がオーナーだった時代だが、その後蒸留所は売却され、最終的に1992年に当時のオーナーだったUD社（現ディアジオ社）によって閉鎖されてしまった。話がややこしいと言っているのは、現在ここには別のブランドである「ブレットバーボン」のビジターセンターになっていることだ。しかも本書が出た当時は、そのウイスキーはフォアローゼズ蒸留所で造られていたが、現在は一部ではあるが、ここでも造られている。

　スティッツェル・ウェラー、オールドフィッツジェラルド、パピー・ヴァン・ウィンクルなど数々の銘柄がここで造られたが、現在はすべて別の蒸留所で造られている。まるでその有り様は、難解なパズルのようなのだ。

84　ストロナッキー　p186

　ストロナッキー蒸留所は1890年にアレクサンダー・マクドナルドによって建てられた蒸留所で、その後1907年にジェームズ・カルダー社、1920年にマクドナルド・グリーンリース社、そしてDCL社へと渡り、1928年に閉鎖されたとされている。

　ジェームズ・カルダー社は本文にも述べられているようにボーネス蒸留所のオーナーでもあり、このボーネスで1919年に2〜3週間ほど実習を受けたのが、竹鶴政孝であった。当時ボーネスはグレーンウイスキー蒸留所で、竹鶴はここでグレーンウイスキーを造るコフィータイプの連続式蒸留機の扱いを教えてもらったという。ストロ

ナッキーはボーネス同様、忘れ去られた蒸留所だったが、ボトラーズのデュワー・ラトレー社が2003年に突然「ストロナッキー」というシングルモルトをリリースし、騒然となった。当時は謎とされたが、現在は中身がベンリネスであること、何故、数ある蒸留所の中でベンリネスが選ばれたのかが明らかにされている。

　2002年にオリジナルのストロナッキーのボトルが手に入り（1904年頃のボトル）、それを分析した結果、ベンリネスのモルトウイスキーがもっとも風味の点で近かったというのが、その理由だ。現在も10年、12年、18年などが販売されている。

85　タリスカーストーム　p188

　タリスカーが伝説のウイスキーであることに異論はないが、あえてここでタリスカーストームを選んでいるのは、イアン流のユーモアだろう。本文中に登場しているマイケル・フィッシュ氏はイギリス人なら誰もが知っている、伝説の気象予報士だ。1987年10月にサリー州やケント州を襲った大嵐を予想できなかったことで有名になったが、もともとフィッシュという名字には「ホラ吹き、嘘つき」といったニュアンスがあり（逃がした魚は大きい、といったフィッシャーマンズテイル、釣り師のホラ話からきている）、誰もがマイケル・フィッシュ氏が言ったことだから、仕方がないという空気があった。

　実際私はこの大嵐をロンドンで体験しているが、日本で言ったら風速40〜50メートルクラスの台風のような風だった（そのわりには大きな木がバタバタ倒れた）。当時ホームステイしていたレンガ造りの大きな家が、夜中大きく揺れたのを憶えている。ただし風速を秒速ではなく時速、それもマイルで言われるのには閉口した。確か時速200マイルと言っていたような……。

　タリスカーポートリーは、スカイ島のポートリー港の名前がつけられたボトルで、こちらはポート樽でウッドフィニッシュさせている。サクソン人というのは、スコットランド人がイングランド人を指していう言葉だが、やや品のない言い方なのでどうしようかと迷ったが、あえてそのままにした。こんな乱暴な言葉を使うと、お里が知れる……ということだが、イアンは逆にそれを狙っているのだろう。

86　デーモン・ウイスキー　p190

　禁酒法、禁酒運動はなにもアメリカだけに限ったことではなかった。
　18世紀から19世紀にかけ、産業革命の進行と共にイギリスでは都市部に人口が流入し、急激にスラム化し社会問題となった。人々がそうした劣悪な環境から逃れるために、あるいは重労働に耐えていくために選んだのが強い酒で、日々アルコールに溺れる者が続出した。ロンドンのジン横丁もそうだが、エジンバラ、グラスゴーも都市のアルコール中毒患者が急増した。
　そうした過程から生まれてきたのが禁酒運動で、世界初の旅行会社として有名なトーマスクック社も、もとは禁酒運動の一環としてスタートした慈善事業だった。イギリスも第一次世界大戦後、アメリカに倣って全面的な禁酒法が模索された時期がある。ロイド・ジョージが首相だった時代で、それに対抗したのが当時のDCL社の総帥、ウィリアム・ロスであった。かたやウェールズ出身の法廷弁護士あがり、かたや書記見習から叩き上げたDCL社の会長。もちろんロスはスコットランド人であった。二人の戦いは首相官邸のダウニング街10番地で行われたが、結果はロスとDCLの勝利に終わった。「禁酒法が成立したら翌日からイギリス人はパンが食べられなくなる」という、ロスの一言が効いたのだ。
　ロイド・ジョージは知らなかったがDCLはもはやウイスキーの会社というに留まらず、戦争に必要な工業用アルコールや火薬、そしてパン用酵母も一手につくっていた。……パンが食べられなくなるというのは脅しでもなんでもなく、当時のDCL社の実態を物語っていたのだ。

87　ザ・グレンリベット　18年　p192

　グレンリベット蒸留所が現在の地に建てられたのは1858年のこと。それ以前はアッパードラミン、ケアンゴルム、ミンモア蒸留所など、いくつかの蒸留所を総称してスミスのグレンリベットと呼んでいた。
　イギリス国王ジョージ4世がエジンバラの外港リースに降り立ったのは1822年で、この時にグレンリベットのウイスキーを所望したといわれる。もちろん当時は密造酒だ。王の行幸を演出し、そう言わしめたのがサー・ウォルター・スコットで、スコットはスコットランド文芸復興の立役者と言われる。そのスコットが自身の作品の中で書いていたのが、「紳士が朝から飲んでよい唯一の酒」というくだりで、『聖ロナン

の泉』、通称ウエイバリー小説といわれる短編の中に出てくる。
　グレンリベットは1824年に政府公認第一号となった蒸留所で、19世紀後半にはその名声は不動のものとなった。そのため他の蒸留所も勝手にグレンリベットを名乗り、1880年に訴訟ざたとなった。訴えたのは2代目のジョン・ゴードンで、4年後の1884年にこの裁判に勝利し、単独でグレンリベットと名乗ってよいのは本家本元のスミス家のグレンリベットだけとなった。そのため定冠詞ザをつけて、ザ・グレンリベットと呼ばれているのだ。
　本文中にもあるように、ここ数年グレンリベットは急速にその売上げを伸ばしている。売上増に貢献しているのが、「ザ・グレンリベットの歴史がスコッチの歴史」という、宣伝コピー。すべては1824年のジョージ・スミスの決断に始まった。そういう意味では、グレンリベット以外に、そう主張できる蒸留所は存在しないのだ。

88　ザ・ラストドロップ　p194

　ラストドロップというとエジンバラの旧市街にある同名のパブを思い出す。
　かつて処刑場に運ばれる囚人たちが、この店の前で最後のウイスキーを飲んだことにちなんで名付けられたパブでもある。19世紀半ばくらいまで、町の中心の十字架（マーケットクロス）のところで、公開処刑が行われていたのだ。スコットランドを旅していた詩人のワーズワースがこのパブ兼宿屋に泊まり、公開処刑を見学したことは妹ドロシーの日記に綴られている。
　このザ・ラストドロップというウイスキーはそれを意識したものかどうかは分からないが、1960年か、もしくはそれ以前に蒸留された70種類のモルトウイスキーと12のグレーンウイスキーを使い、1972年にブレンドされたという。それを樽に詰めて36年間忘れていたのだ。ボトリングされたのは2008年で、本文中に出ているように1347本だけが瓶詰めされた。
　実は2010年5月に日本でも販売されていて、その時の1本の値段は28万円。50本だけ日本に輸入されたが、ボトルには50mlのミニチュアもついていた。700mlのボトルを開けなくても、どうぞミニチュアで味見をしてくださいという、心憎い演出であった。人生の最後に飲むにふさわしい1本……。私なら何を飲むだろう。

89　ザ・リビングカスク　p196

　ロッホファイン・ウイスキー店はアーガイル地方のインバレアリーの町にある小さなウイスキーショップ。オープンしたのは1990年代後半で、この手のウイスキーショップとしては後発だが、シングルモルトに力を入れており、また独自のユニークなボトルも次々とリリースしてきた。

　インバレアリーはアーガイル公爵、キャンベル一族の城があることでも有名で、年間を通して多くの観光客が訪れる。またアイラ島に向かうフェリー乗り場は、インバレアリーから1時間ほどキンタイア半島を南下したところにあり、アイラ島やキャンベルタウンに向かうウイスキー好きにとっては、このロッホファイン・ウイスキー店は、行き帰りに必ず立ち寄るところでもある。

　リビングカスクは店内で直接樽からボトリングしてくれるウイスキーで、毎回ボトリングのたびに味が変わるのが特長といえば特長だ。通常は200mlのボトルに詰めているが、写真のボトルは1993〜2003年とヴィンテージが入っているので、それとは違うようだ。このボトルは750mlで、カスクストレングスの59%のボトリング。300本限定となっているが、私は飲んだことがない。

90　ザ・マッカラン1928　50年　p198

　マッカラン蒸留所はスペイ川中流域、クレイゲラキ村の対岸に1824年に創業した蒸留所で、グレンリベットに次いで政府公認第2号蒸留所となっている。

　長い歴史の中で、幾度となくオーナーは代わったが、現在はエドリントングループが所有し、ハイランドパークや、同じスペイサイドのグレンロセスとは姉妹蒸留所となっている。現在の生産量は第1、第2蒸溜棟あわせて年間約980万リットル。しかし現在敷地内に第3の蒸留所を建設中で、これが完成すると年間1600万リットル規模の一大蒸留所が誕生することになる。近年は次々と話題のボトルをリリースし、常にスコッチ・シングルモルトのトレンドをつくってきた。もちろんこれは近年に限ったことではなく、1950年代、60年代から数多くのボトルをリリースしてきた。

　マッカランのボトルを集めただけで（今は難しいが）バーが開けるほどで、今となっては伝説のボトルとなったものも多い。このマッカラン50年も、そのうちの1本で、これは1926年から28年にかけて蒸留された三つの樽をヴァッティング（ブレンド）し、500本限定で1983年に販売したものだ。

驚くべきことに当初の販売価格は1本50ポンド！　今はその100倍はする。当時はまだスコッチのレギュレーションが確定しておらず、これはカスクストレングスの38.6％でボトリングされている。80年代後半に、スコッチの最低ボトリング度数は40％と決められたので、今日これをスコッチと呼ぶことはできない。しかし、そんなことは関係なく、このボトルは伝説のボトルとしてカルト的な人気を誇っているのだ。

91　ザ・マッカラン1938　p200

　世界的に有名なマッカラン・コレクターのウルフ・バクスラッド氏（スウェーデン人）が開いた究極のマッカランテイスティングに招待され、1920年代から80年代まで、そしてその時点のニューポットにいたるすべてのマッカランのヴィンテージを飲んだことがある。

　13～14年前にロンドンのホテルで開かれたイベントだったが、12年以下の、まだ製品になっていないヴィンテージは、すべてマッカランが用意した。その数およそ70種。それを1日かけてテイスティングしようというのだから、強い肝臓と体力が必要だったことは言うまでもない。

　もちろん20年代、30年代、40年代という貴重なマッカランは、すべてバクスラッド氏のプライベートコレクションから提供された。その時に、この1938のマッカランも飲んだが、20年代、そして40年代の希少なマッカランに比べると、イマイチだった印象がある。なにしろ世界に1本しかないという1943のマッカランや、1926のマッカランを飲んだ後では、どうしても印象がうすくなってしまうのだ。なんとも贅沢な話である。もう二度とできない、究極のテイスティング会だろう。

　しかし当時はまだ、やろうと思えば、そんなことも可能だったのだ。この1938のマッカランは、"40年オーバー"として、1980年代にボトリングされたもの。GM社がボトリングしたと思われるが、イタリア向けなどいくつかのバージョンがあるようで、比較的よく見かけるマッカランである。

　90年代前半くらいまで、ロンドンのミルロイズ店で2000ポンドで売られていたが、いつ行っても売れる気配はなかった。ジョン・ミルロイさんも、私に「買え」とは言わなかった。現在は8000ポンド近い値がつく……。

92　ザ・マッカラン1926　60年ピーター・ブレイク　p202

　ピーター・ブレイクは1932年生まれのアーティストで、イギリスのポップアートの第一人者。"ポップアート界のゴッドファーザー"ともいわれる存在だ。日本ではなじみがないが、ビートルズの『サージェント・ペパーズ・ロンリー・ハーツ・クラブ・バンド』のアルバムジャケットをデザインした人物というと、分かりやすいかもしれない。

　そのピーター・ブレイクがラベルを手がけたのが、このマッカラン1926で、1986年に60年物として12本だけ販売された。実はこの樽はスパニッシュオークのシェリーバット（500リットル）樽で、42.6％のカスクストレングスでのボトリングだった。700mlのボトルで36本分が樽の底に残っていたというが、残りの475リットルは天使に飲まれてしまった。

　当初の販売価格はいくらか分からないが、1993年にイタリア人アーティスト、ヴァレリオ・アダミのラベルを貼って再び12本だけがリリースされた。この時は最初からオークションで、すでに1本1万ポンドを超えていた。実は36本中、24本はピーター・ブレイクとヴァレリオ・アダミのラベルを貼って売ったが、まだラベルを貼っていない12本が残っている（そのはずだ……）。しかし、もはや天文学的な数字の値段になることは間違いないだろう。聞くのも恐ろしい気がする。

　それにしても、このラベルは秀逸だ。マッカランは多くのスペシャルボトルをリリースしてきたが、このラベルはその中でも群を抜いている。もちろん、飲んでも（ほんのティースプーンほどだったが前掲のバクスラッド氏の会で飲んだ）、60年物と思えないくらいフレッシュで、これだけが別次元だった（もちろん、スモーキーな43、45、46のマッカランも素晴らしかったが……）。

93　ザ・マッカラン　シールペルデュ　p204

　このラリックのデキャンタが東京にやってきたのは2010年10月のこと。私も実際にその展示会を見に行った。

　息をのむほどの美しいクリスタルデキャンタで、その美しさもさることながら、その大きさにも圧倒された。高さが50〜60cmもあり、圧倒的な存在感を示していたのだ。シールペルデュという古来の手法を使って作られたということだったが、クリスタルの大きな栓には、中にマッカランの象徴でもあるイースターエルヒーズ館（17世

紀の領主の館)が、くっきりと浮かび上がっていた。驚くべき製法だ。
　中身は64年物のマッカランで、実際には1942、45、46の3種のマッカランがブレンドされているという。トータルしてその量は1.5リットル。スパニッシュオークのシェリー樽だということだが、どんな樽だったのか興味深い。アルコール度数は42.5%。もし樽の中に残っていたのだとすると、トータルで70〜80リットル近くはあるはずなので、いずれまたマッカランの64年物として出てくるのだろうか。
　イアンではないが、飲む機会は永遠にやってきそうにない。ちなみにラリックとマッカランのコラボは、他にも50年、55年、57年、60年、そして62年などがある。

94　ザ・マッカラン　レプリカシリーズ　p206

　このレプリカボトルが発売された1996年だったか翌97年だったか忘れてしまったが、蒸留所に行って直接フランク・ニューランズ氏から飲ませてもらったことがある。もちろん、その時にボトリングの経緯についても伺ったが、そんな古いボトルがあるのかと単純に驚いてしまった。
　それからしばらく経って、マクティアーズなどのオークションで、19世紀のマッカランのボトルが頻繁に出品されるようになり、事態が一変した。私も何度かグラスゴーのそのオークョンを取材したことがあるが、毎回(年4回開かれていた)その手のボトルが何十と出品されるようになり、疑念が生じてきたのだ。
　決定的だったのが1841年のマッカランで、そんな古い時代に、スペイサイドのど田舎にあるマッカランが、果たして瓶詰めされて販売されたことがあったのだろうかと、誰もが疑問を持つようになったのだ。
　そこでマッカランが依頼したのがオックスフォードの研究機関で、その研究所で放射性炭素14を使って年代測定を行った。結果はマッカランに限らず、その頃オークションを賑わせていた多くの19世紀、20世紀初頭のオールドボトルがフェイク(偽物)だということだった。その後、急速にそうしたオークション熱は失せてしまったが、今は別の問題も引き起こしている……。
　それはともかく、フランク・ニューランズ氏が造ったのは、この1874と1861のレプリカボトルで、問題となった1841レプリカはそれ以降の話である。行くたびに歓待してくれたフランクさんが、私は大好きだったが、1999年に蒸留所は現在のオーナーであるエドリントングループに買収され、フランクさんも蒸留所を去ってしまった。

95　ザ・マッカラン　M・コンスタンティン・デキャンタ　p208

　最近のマッカランのボトルについては、正直言って私もついていけない。数字を見ただけでアタマが拒絶反応を起こしてしまって、それ以上情報が入ってこないのだ。どれひとつとしてポケットマネーで買えるものがない（当たり前だ）。

　マッカランが1824シリーズを出したのは2012年で、熟成年を謳わないノンエイジステイトメント（NAS）のゴールド、アンバー、シエナ、ルビーという4種類を、主に免税店向けに販売した。その1824シリーズの最高峰がマッカランMだ。これはラリックのクリスタルボトルに詰められたNASウイスキーで、1750本限定で販売された。1本の価格は3000ポンドである。

　その発売記念イベントを香港でやった際に（意味深だ）、特別につくられたのが、掲載されている6リットルのマッカランM特別デキャンタだ。これは4本だけつくられたもので、2本はマッカランの本社に、1本はアジアのコレクターに売られ（いったい誰だというのだ）、そしてもう1本は2014年1月に香港サザビースで行われたオークションで、驚愕の62万8000ドル（約6400万円）という価格で落札された。

　これはオークションで売られたウイスキー1本の価格としては、もちろん最高額で、ギネスブックにも認定されている。

　イアンがヌードのラベルと文中で書いているのは、この1824シリーズでも、マッカランMでもなく、アーティストとコラボした別のシリーズで、なんともややこしい。私自身も昨今のマッカランについては混乱しているし、イアンも混乱している。ましてや読者の皆さんの混乱ぶりは、目に見えるようだ。まことに同情にたえない。

　マッカランについては、これくらいにしておいたほうが良いだろう。

96　ナンバーワンドリンクス社　p210

　ナンバーワンドリンクス・カンパニー（日本名、一番）は2006年に設立された会社で、日本のウイスキーを欧米市場で販売することを目的に設立された会社だ。『ウイスキーマガジン』元発行人のマーチン・ミラー氏とウィスク・イーのデイビッド・クロール氏が共同経営者となっている。現在、軽井沢、羽生、そしてベンチャーウイスキー秩父の欧米での独占販売権を持っている。

　能シリーズ（他に芸者シリーズもある）は2006年に閉鎖となった軽井沢蒸留所のシングルモルトで、ここに掲載されている1976年ヴィンテージ、カスクナンバー6719

番以外にも1971、76、77、80、81、82、83、84、89、91、94、95、97、99など、ざっと数えただけでも25〜30樽をすでにボトリングしている。ちなみに2009年に486本ボトリングしたこの1976、32年物のボトルは当初1本130ポンド前後で売りに出されたようだが、現在ネットオークションでは2600ポンド近い値がつく。
　軽井沢蒸留所は1955年に大黒葡萄酒株式会社が浅間山の麓につくった蒸留所で、同社のオーシャンウイスキーはサントリー（寿屋）、ニッカ（大日本果汁）と並ぶ、日本の3大ウイスキーだった。
　シングルモルト（軽井沢という名前だった）を出したのも3社ではもっとも早く、1976年にリリースしている。しかし三楽（のちのメルシャン）がオーシャンを買収し三楽オーシャンとなったが、1990年代後半から経営が行き詰まり、ウイスキーの生産は休止。2006年にメルシャンがキリンビールに経営統合されたことで、半世紀近く続いた軽井沢の歴史に幕が下ろされた。
　その残っていた樽を買ったのがナンバーワンドリンクス社で、以来、極端なことをいえば日本人が飲めない、日本のウイスキーとなった。もちろん、一部は日本でも手に入るが、その絶対数は限られている。イアンも書いているように、ウイスキーの世界ではよく起こることだが、在りし日の軽井沢を何度も訪れているだけに、残念としか言いようがない。軽井沢のウイスキーは、日本のウイスキーを語る際に欠かせない、日本の財産だと思っているからだ。
　たぶん、私は間違っているのだろう。

97　トミントール　14年　p212

　トミントール蒸留所はスペイ川の支流エイボン川を遡ったところに1964年に建てられた。トミントールはハイランドで一番標高が高い村（約350m）として知られているが、蒸留所はそこから9kmほど下ったところにあるので、その形容詞は使えない。同じスペイサイドのブレイヴァルのほうが標高が高いからだ。

　現在のオーナーは中堅ブレンダーのアンガスダンディ社で、そこが地元トミントールのウイスキーショップ、レストランと組んで作ったのが、この巨大なボトル。理由はトミントール村の話題づくりだったが、もともと同地はクイーンズエステートでもあり、多くの観光客が訪れる人気のスポットでもある。ハイランドの高原リゾート地として、ハイカーに特に人気なのだ。

　この巨大なボトルはドイツ製で、そこにトミントールの14年物を150本分入れたということだが、容量は約105リットルで、全体の重量は164kg！　作られたのは2009年で、このボトルはギネスブックにも、世界最大のスコッチウイスキーとして認定されている。

　その後、エジンバラのウイスキーエクスペリエンス（旧スコッチウイスキー・ヘリテージセンター）で、しばらくの間展示された後、グラスゴーのマクティアーズでオークションにかけられた。しかし、結局落札しようとする者は現れなかった。通常のトミントール14年は35ポンド前後なので、中身だけだったら5250ポンドで買える。まさか、それを計算したわけではないと思うが……。

98　ウイスキーガロア！　p214

　イギリスを代表する現代作家のひとり、コンプトン・マッケンジーが1947年に書いたのが『ウイスキーガロア』（ウイスキーがいっぱい）という作品で、この小説のもとになったのが、1941年2月に起きた有名な海難事故だった。

　2万8000ケース（約26万本）のウイスキーやピアノ、ジャマイカ紙幣などを積んだハリソン汽船のSSポリティシャン号が、ジャマイカのキングストンとアメリカのニューオリンズに向かう途中、嵐に遭ってアウターヘブリディーズ諸島のエリスケイ島沖で座礁してしまったのだ。

　26万本のウイスキー！　それを知ったエリスケイやバラ、ユーイスト島の島民は、夜間船に忍び込み運べるだけのウイスキーを勝手に引き揚げてしまった。関税当局

が回収に乗り込んでくることを察知していたからだ。実は当時は第二次世界大戦の真っ只中。島の男たちにとって欠かせないウイスキーも配給制になっていて、パブには1本のウイスキーも残っていなかった。

　この時エリスケイの島民が持ち出したウイスキーは2万本を超えたという。人口130人足らずの島で2万本である。人々は隠せるところなら、どこにでもボトルを隠した。家の中だけでは隠しきれず、エリスケイ島のウサギの穴という穴はすべてウイスキーで埋まっていたといわれたほどだ。当然、人々も酔っ払ったが、この時はエリスケイ島の牛や馬も、そしてウサギも、命あるものはすべて酔っ払ったという。まさにウイスキーガロア、ウイスキーがいっぱいだったのだ。

　70年以上経った今でも、時折そうしたボトルが出てくることがある。もちろん、ダイバーたちによって海底からボトルが引き揚げられるケースもある。ここに登場しているボトルは1987年にサウスユーイスト島のダイバーが見つけた8本のうちの1本だ。その8本は89年のオークションで総額4000ポンドで売られた。そのうちの2本が再びグラスゴーのネットオークションに出品され、1万2050ポンドで落札されたというのだ。

　実はSSポリティシャン号が積んでいたものは、その後「ポーリー」と呼ばれ、ウイスキーだけでなく紙幣もコレクションの対象となっている。しばらくの間、島の子供たちは浜に打ち上げられたジャマイカ紙幣を使って銀行ゲームに興じたという、嘘か本当かわからないような話も伝わっている。

　ちなみにポリティシャンは「政治家」のことで、この船は「歴史上もっとも貧しい人々のためになった政治家」と言われる。貧しい島民たちに、ウイスキーという天からの授かり物をタダでプレゼントしたからだ。

99　ウィローバンク　p216

　ニュージーランドでウイスキー造りが始まったのは、スコットランド人の入植が始まった1830年代。南島を中心に一時期いくつかの蒸留所がウイスキーを生産していたが1870年代に消滅。その後世界的なウイスキーブームを受けて再び1960年代に復活したという。南島のダニーデンの町に1969年に創業したのがベーカーファミリーが手がけたウィローバンク蒸留所だ。

　実際の操業は1974年からで、1997年に閉鎖されるまで23年間にわたってニュージーランドウイスキーを造り続けてきた。ウィローバンクは1980年代にカナダのシーグラム社に買収され（ウィルソンズと名称変更）、さらに閉鎖の年にこんどはオーストラリアのビール会社フォスターズに売却された。ポットスチルを取り外し、ラムの蒸留のためにそれをフィジーに送ったのはフォスターズ社である。その後残った樽（443樽あった）は2010年に、ニュージーランド・モルトウイスキー社が買い取り、現在は同社がボトリングして販売している。

　ウィローバンク時代にはウィルソンやラマーロウ、ミルフォードなどのブランド名が使われていたようだが、現在はシングルカスクのヴィンテージ物が主流になっている。このカスクストレングスコレクションは1989、1990、1992などがあり、どれも20〜26年物。度数も52%〜62%と樽によって、それぞれ違いがある。

　シンボルマークはニュージーランドの地図で、これが同国産であることを強調している。残念ながら日本では販売されていない。

100　山崎　12年　p218

　NHKの朝の連続テレビ小説『マッサン』のおかげで、今では多くの日本人が山崎蒸留所設立の経緯を知るようになった。

　山崎の地を選んだのは竹鶴だとイアンは主張しているが、それは当たらない。竹鶴はあくまでもスコットランド流を貫き、ウイスキーは北の大地で造るものだとして、東北・北海道に当初その候補地を探していたほどだ。しかし寿屋（現サントリー）の創業者、鳥井信治郎にはスコッチではなくジャパニーズウイスキーを造るのだという、強い信念があった。

　だとするならば日本文化の発祥地である奈良・京都・大阪以外にあり得ない。背後に"天下分け目"の天王山を抱える山崎の地は京都と大阪を隔てる府境であり、

目の前に桂川、宇治川、木津川という三川が合流している。かつては奈良時代に行基が開いた西観音寺というお寺だったというのも、鳥井を動かしたのだろう（ことのほか神仏が好きだったという）。
　日本の"ウイスキーの父"は竹鶴政孝と鳥井信治郎の二人だとするイアンの説に異論はない。どちらが欠けても日本のウイスキーは造られなかっただろうし、ジャパニーズウイスキーの歴史は違ったものになったはずだ。
　しかし、こうも考えられる。一介のサラリーマンであり、技術者だった竹鶴ひとりではウイスキーは造れないのに対し、鳥井は起業家として数々のビジネスを手がけ、その気になれば技術者をスコットランドから呼ぶこともできた（現にそうしている）。鳥井の無謀とも思える決断がなければ、あるいは「欧米人に造れて日本人に造れないものはない」という強い信念がなければ、日本のウイスキーは、恐らく戦後の50年代、60年代まで待たなければならなかっただろう。
　現在サントリーはアメリカのビーム社を1兆7000億円で買収し（2014年）、世界5大ウイスキーのすべてをポートフォリオに加えている。スコッチの蒸留所だけでもボウモア、ラフロイグ、オーヘントッシャン、グレンギリー、アードモアの5つを持っている。さらにマッカランの25％の株式を保有しているのも、鳥井のDNAを受け継ぐサントリーだ。まさに伝説は90年前の山崎からスタートしていたのだ。

101　ディオニュソス・ブロミオス・ブレンド　p220

　イーニアス・マクドナルドという謎の人物が書いた『Whisky』という本は、長い間ウイスキーファンの間で、読むべき唯一の本とまで言われてきた。

　最初に出版されたのは1930年で、その後は有識者の間で密かにコピー版が出回る程度であった。それをリプリント版として、エジンバラのキャノンゲートブックス社が再版したのが2006年で、この本の中でイーニアス・マクドナルドの正体について明かしたのが、本書の著者であるイアン・バクストンだ。

　イアンによるとイーニアス・マクドナルドというのはジョージ・マルコム・トムソンのペンネームで、彼はジャーナリストとして成功し、多くの本を書いたが、ウイスキーについて書いたのはこれ一冊しかないという。

　トムソンは1899年8月2日にエジンバラの外港リースに生まれている。イーニアス・マクドナルドというのはボニー・プリンス・チャーリーのジャコバイトの乱で、チャーリーに従った通称"モイダートの7人"のうちのひとりだ。王子一行がフランスから船でやって来て、最初に上陸したのがアウターヘブリディーズ諸島のエリスケイ島で、その日にちが1745年の8月2日だったことから、イーニアス・マクドナルドというペンネームを思いついたのだという。トムソン自身はその後イブニングスタンダード紙の記者となりロンドンに移り住んでいる。ロンドンの自宅で亡くなったのは1996年で、享年96歳だった。

　ディオニュソス・ブロミオスという舌を噛みそうな名前はウイスキーの神のことで、「いつか死ぬ前に……」というくだりは、『Whisky』という本の中の最後の章の134ページ目に出てくる（本は135ページしかない）。ウイスキーの神がスコットランドのギリー（狩猟案内人、要するにサーモン釣り場の番人だ）か、アイルランドの田舎者という設定が面白いが、彼が持っていたのが究極のウイスキーだと、イーニアス・マクドナルドは書いている。

　はたして究極のウイスキーはあるのだろうか。

　あるとしたら、それはどんなウイスキーなのだろう。

　イアンでなくとも、この言葉で最後を締めくくりたくなる……。

監修者あとがき

　イアン・バクストンのこの本は素晴らしい本だ。伝説と呼ばれる（イアンが勝手にそう言っているのだが）101本のウイスキーを選び、それに解説を加えた本だが、凡百のウイスキー本と違って、極上のエンターテイメントになっているところが素晴らしい。
　時にその切り口は辛辣で容赦がないが、極上のウィットとユーモアがあり、思わずクスリとさせられる。物語としても、極上の物語だ。ウイスキーについて書かれた本で、これだけ自由に、そして本音トークを繰り広げている本も珍しい。イアン・バクストンは、この本で新しいウイスキー本のスタイルを創ったと言っても過言ではないかもしれない。

　この本は個々のボトルの細かなスペックやテイスティングノート、来歴を語るのではなく（それは私に与えられた役目だ）、そのボトルの持つ歴史的意義や、それにまつわる出来事を語っている。もっと言うなら、そのボトルとの個人的な関わりにもついて述べている。それのほうが、はるかに読者を惹きつけることを、バクストンは知っているのだ。
　彼がグレンモーレンジィのマーケティングをしていたことを、モーレンジィの項で初めて知った。その前、イングランドの会社で働いている時、ラガヴーリンのボトルが得意先から返却され、彼の上司がその顧客に返金したくだりも面白い。当時は、スモーキーなアイラモルトは"不良品"と見なされていたのだ。
　ディアジオのジョニーウォーカー・ダイヤモンドジュビリーの豪華な箱を見て、自分の学校時代のトランクを思い出しているのも微笑ましい。一学期分の荷物を詰めて、家から送り出されるくだりは、『ハリー・ポッター』の1シーンを見ているかのようだ。
　バクストン少年が寄宿学校に身を寄せていて（ということは厳格だが、かなり裕福な家庭だということだ）、心細い想いで自宅を後にしていた様子が、なんとなく想像できる。
　他にも挙げたらキリがない。時に悪ふざけが過ぎるところもあるが（最多登場のチャールズ・マクリーンに関するコメントはいつもドキドキさせられる）、辛辣な語り口調の奥に、温かな人間性とウイスキー愛があふれていて、思わず拍手を送りたくなるところも多い。

ただし、それ故に日本語に訳すのは至難の技であった。古今東西の文学作品や映画、音楽、ロック、さらに世界のウイスキーの地理・歴史、文化についても知っていないと、何を言っているのか分からないところも多々ある。私のところに翻訳・監修の話が持ち込まれて以来、多くの人の助けを借りて、この本が完成した。特に、途中から翻訳の仕事を請け負ってくれた土屋茉以子さんには感謝したいと思う。

　101本すべてについて、私の解説を載せることはWAVE出版の設楽幸生氏のアイデアだ。「これは土屋さんにしかできない仕事なので」という、氏の励ましにも感謝したいと思う。引き受けてみて分かったのは、まさにこれは私にしかできないことで、厳しい時間の中で書き上げることができたのは、まさに氏のその一言（脅し？）のおかげである。

　もちろん最大の恩恵はイアン・バクストンだ。解説原稿を書きながら、バクストンの文体を借りて、私自身の思い出や、そのボトルにまつわるエピソードを書かせてもらった。時にバクストン以上に熱くなっているところもあるが、すべてはバクストンが書かせたことと、お許しいただきたい。

　私自身はこの原稿を3週間で書き上げることができたが、今は清々しい達成感に包まれている。読者はイアンの書いていることと、私の書いているところを、「バクストンはこう言っているけど、土屋はこうだ」というように、対にして楽しんでいただければ幸いである。イアンも書いているが、あくまでもこれは個人の意見だ。

　最後になったが、今回もスコッチ文化研究所のスタッフには大変お世話になった。特に私の解説原稿の資料集めをしてくれた飯田龍平君と、進行を管理してくれた中井敬子氏、校正作業をしてくれた関房子さんには感謝したいと思う。本当にお疲れさまでした。

2015年6月吉日　　土屋　守

写真クレジット

p5 ©, Macallan 2014
p6/7 courtesy of Diageo PLC
p17 ©, Macallan 2014
p18/19 courtesy of Diageo PLC
p20 The Glenmorangie Company
p22 The Whisky Exchange
p24 Image courtesy of AWC
p26 William Grant & Sons Distillers Ltd
p28 The Whisky Exchange
p30 Morrison Bowmore Distillers Limited
p32 Morrison Bowmore Distillers Limited
p34 Morrison Bowmore Distillers Limited
p36 The Author
p38 The Whisky Exchange
p40 Bruichladdich Distillery
p42 Wm. Cadenhead Ltd
p44 Chivas Brothers Pernod Ricard
p46 The Whisky Exchange
p48 Diageo PLC
p50 Edrington Distillers Ltd
p52 Jim and Linda Brown
p54 Diageo PLC
p56 The Whisky Exchange
p58 Whyte & Mackay Ltd
p60 John Dewar & Sons Ltd
p62 The Drambuie Liqueur Company Ltd
p64 istockphoto.com
p66 Crown Copyright, National Records of Scotland E38/306, First reference to whisky in the Exchequer Roll, 1494.
p68 Ian Gray – "Views from the American Whiskey Trail" courtesy Distilled Spirits Council of the U.S.
p70 William Grant & Sons Distillers Ltd
p72 The Whisky Exchange
p74 Bonhams
p76 J & G Grant
p78 William Grant & Sons Distillers Ltd
p80 William Grant & Sons Distillers Ltd
p82 William Grant & Sons Distillers Ltd
p84 The Glenmorangie Company
p86 The Author
p88 The Whisky Exchange
p90 The Distillery Historic District, www.distilleryheritage.com
p92 Gordon & MacPhail, t/a Speymalt Whisky Distributors Ltd

p94 Mitchell & Son
p96 Oxygenee Ltd
p98 Morrison Bowmore Distillers Limited
p100 ©, 2014 Highland Park Distillery
p102 The Luxury Beverage Company
p104 The Jack Daniel's image appears courtesy of Jack Daniel's Properties, Inc. Jack Daniel's is a registered trademark of Jack Daniel's Properties, Inc.
p106 Irish Distillers Pernod Ricard
p108 Beam Global
p110 Diageo PLC
p112 Diageo PLC
p114 Diageo PLC
p116 The Number One Drinks Company
p118 The Kennetpans Trust
p120 Jim and Linda Brown
p122 Jim and Linda Brown
p124 The Whisky Exchange
p126 Diageo PLC
p128 Whisky Paradise
p130 Diageo PLC
p132 Chivas Brothers Pernod Ricard
p134 Whyte & Mackay Ltd
p136 Diageo PLC
p138 J&M Concepts/Popcorn Sutton Distilling
p140 Paragraph Publishing Ltd
p142 Chatham Imports, Inc.
p144 Diageo PLC
p146 The Whisky Exchange
p148 The Whisky Exchange
p150 Jim and Linda Brown
p152 Jim and Linda Brown
p154 Old Rip Van Winkle Distillery
p156 Private Collection
p158 Museum of Islay Life
p160 Diageo PLC
p162 Irish Distillers Pernod Ricard
p164 Gordon & MacPhail, t/a Speymalt Whisky Distributors Limited
p166 Diageo PLC
p168 The Whisky Exchange
p170 Diageo PLC
p172 Diageo PLC
p174 The Whisky Exchange
p176 Scotch Malt Whisky Society
p178 The Whisky Exchange

p180 The Whisky Exchange
p182 The Whisky Exchange
p184 Diageo PLC
p186 Jim and Linda Brown
p188 Diageo PLC
p190 Private Collection
p192 Chivas Brothers Pernod Ricard
p194 The Last Drop Distillers Limited
p196 Loch Fyne Whiskies
p198 ©, 2014 The Macallan
p200 ©, 2014 The Macallan
p202 ©, 2014 The Macallan
p204 ©, 2014 The Macallan
p206 ©, 2014 The Macallan
p208 ©, 2014 The Macallan
p210 The Number One Drinks Company
p212 Scotch Whisky Auctions Ltd
p214 The Scotch Whisky Experience
p216 The Whisky Exchange
p218 Morrison Bowmore Distillers Limited
p220 Mrs Anne Ettlinger
p293 Jim and Linda Brown

※本書に掲載されている写真は、古いものも多く含まれており、劣化等で、お見苦しい箇所もございます。ご了承下さい。

著者　イアン・バクストン
スコットランドの「シングルモルトのパイオニア」グレンモーレンジィの前マーケティング部長。ウイスキー業界で20年以上活躍。1991年、スコッチ・ウイスキー業界から認められた人だけで構成される「ザ・キーパーズ・オブ・ザ・クエイヒ」のメンバーに選出。

翻訳・監修・執筆　土屋 守（つちや・まもる）
1954年新潟県佐渡市生まれ。学習院大学卒。週刊誌記者を経て1987年に渡英。ロンドンで日本語情報誌の編集に携わる。1998年「世界のウイスキーライター5人」に選ばれる。2001年にスコッチ文化研究所を設立し、代表を務める。主な作品は「竹鶴政孝とウイスキー」（東京書籍）、「シングルモルトウィスキー大全」（小学館）など多数。

翻訳　土屋茉以子（つちや・まいこ）
1984年神奈川県出身。慶應義塾大学総合政策学部卒業後、2012年よりフリーランス翻訳者として活動。ドラマやドキュメンタリーなどの字幕翻訳を中心に手がける。

スコッチ文化研究所
〒150-0012　東京都渋谷区広尾5-23-6 長谷部第10ビル2F
TEL 03-6277-4103
http://www.scotchclub.org/

伝説と呼ばれる
至高のウイスキー101

2015年7月30日　第1版第1刷発行

著者　イアン・バクストン
翻訳・監修・執筆　土屋 守
翻訳　土屋茉以子

発行者　玉越直人
発行所　WAVE出版
〒102-0074　東京都千代田区九段南4-7-15
TEL03-3261-3713　FAX03-3261-3823
振替00100-7-366376
info@wave-publishers.co.jp
http://www.wave-publishers.co.jp

印刷・製本　萩原印刷株式会社

ⒸWAVE PUBLISHERS CO., LTD 2015 Printed in Japan

落丁・乱丁本は送料小社負担にてお取り替えいたします。
本書の無断複写・複製・転載を禁じます。
ISBN978-4-87290-753-7
NDC596 294p 21cm